Word/Excel/PPT

办公应用教程

全彩印刷

从入门到精通

谢力　张永江 ◎编著

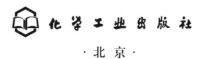

化学工业出版社

·北京·

本书以实际案例为讲解单元，以知识点的应用为解析核心，从入门基础到综合应用，对 Word/Excel/PPT2013 的使用方法、操作技巧、典型应用等方面做了全面阐述。全书共分 11 章，第 1 章至第 3 章主要围绕 Word 文档的制作、编排、美化、装订、打印等内容展开介绍；第 4 章至第 8 章围绕 Excel 数据报表的创建、数据的分析与处理、数据透视表的应用、图表的应用等内容展开；第 9 章至第 11 章介绍了 PowerPoint 演示文稿的创建、幻灯片页面的设计、动画效果的设置、演示文稿的放映等内容。

　　在本书附赠的 DVD 光盘中，包含与本书内容同步的视频教学录像及所有案例的配套素材和结果文件。视频教学录像中除对书中介绍的知识点进行深入讲解外，又拓展介绍相关内容。此外，还提供了 Word/Excel/PPT 办公模板等内容供读者使用。

　　本书适用于 Office 2010 版、2013 版及 2016 版软件。本书既适合电脑初学者阅读，又可以作为大中专院校或企业的培训教材，同时对有经验的 Office 使用者也有一定的参考价值。

图书在版编目（CIP）数据

Word/Excel/PPT办公应用教程从入门到精通/谢力，
张永江编著 . —北京：化学工业出版社，2016.10（2017.11重印）
ISBN 978-7-122-28241-5

Ⅰ.①W… Ⅱ.①谢…②张… Ⅲ.①办公自动化-应用软件 Ⅳ.①TP317.1

中国版本图书馆CIP数据核字（2016）第241399号

责任编辑：姚晓敏　胡全胜　　　　　　　　　　装帧设计：韩　飞
责任校对：吴　静

出版发行：化学工业出版社（北京市东城区青年湖南街13号　邮政编码100011）
印　　装：北京彩云龙印刷有限公司
787mm×1092mm　1/16　印张20　字数545千字　　2017年11月北京第1版第3次印刷

购书咨询：010-64518888（传真：010-64519686）　　售后服务：010-64518899
网　　址：http://www.cip.com.cn
凡购买本书，如有缺损质量问题，本社销售中心负责调换。

定　　价：69.00元

随着科技的不断发展，办公自动化概念深入人心，无论是政府机关、还是企事业单位，都脱离了手抄心算的过去时，迈入了计算机处理的新时代。在现代办公中，微软公司推出的Word、Excel、PowerPoint等办公组件可以说是必备工具。利用它们可以轻松制作出通知文档、合同文本、个人简历、员工信息表、企业通讯录、工资条、销售报表、分析图表、年度工作总结文案、企业新品宣传文案等。

本书以实际案例为讲解单元，以知识点的应用为解析核心，从入门基础到综合应用，对Word/Excel/PPT2013的使用方法、操作技巧、典型应用等方面做了全面阐述。书中所列举案例均属于日常办公中的应用热点，案例的讲解均通过一步一图、图文并茂的形式展开，这些应用均具有代表性，通过学习这些内容，可以快速的应用到现实工作中，从而做到学以致用。

全书共11章，第1章至第3章，主要介绍Word文档的制作、编排、美化、装订、打印等；第4章至第8章，围绕Excel数据报表的创建、数据的分析与处理、数据透视表的应用、图表的应用等内容展开介绍；第9章至第11章介绍了PowerPoint演示文稿的创建、幻灯片页面的设计、动画效果的设置、演示文稿的放映等内容。

本书组织结构合理，内容全面细致，语言通俗易懂，不仅可作为大中专院校计算机办公软件应用基础教材，还可作为Office课程培训班的培训用书，同时也是职场办公人员不可多得的学习用书。

在编写过程中力求严谨细致，但由于时间与精力有限，疏漏之处在所难免，望广大读者批评指正。

编著者

（1）Word篇 ⊛

（3）PowerPoint篇 ⊙

第1章

制作 Word 文本文档

本章概述

    Word是一款大家非常熟悉的Office办公软件,熟练应用Word进行文本文档的处理是对每个现代从业者的最基本要求。对于大多数上班族来说,Word文档使用率高,小到一句留言,大到一份计划书,工作中随时都有可能用到它。

    本章将对Word文档的创建与保存方法、文本的编辑、段落格式设置、页面背景设置、页眉页脚,以及打印设置等进行全面介绍,从而为后面进一步的学习奠定良好的基础。

知识点一览

空白文档的创建方法
在文档中插入时间和日期文本
在文档中输入特殊符号
设置文本格式
使用密码保护文档
设置文档的段落格式
为文档添加背景

1.1 制作商场招聘广告

招聘广告是企业招聘员工的一个重要方法，招聘广告不仅要完成招聘的功能，也是企业对外宣传的重要途径。本节将介绍使用Word制作商场招聘广告的操作方法。

1.1.1 新建文档

想要创建一个有吸引力的招聘广告，首先要做的是新建一个空白文档，下面介绍几种常用的新建文档的方法。

方法1： **启动Word程序创建**

步骤1：在"开始"菜单中选择。单击桌面左下角的"开始"按钮，在打开的列表中选择"所有程序＞Microsoft Office 2013＞Word 2013"选项，如图1-1所示。

步骤2：打开开始屏幕。这时打开Word 2013开始屏幕，选择"空白文档"选项，如图1-2所示。

图1-1   图1-2

步骤3：查看创建的文档。这时可以看到，系统自动创建了一个名为"文档1"的空白文档，如图1-3所示。

方法2： **通过右键快捷菜单创建**

步骤1：打开右键快捷菜单。在计算机桌面或文件夹窗口空白处单击鼠标右键，在打开的快捷菜单中选择"新建＞Microsoft Word文档"选项，如图1-4所示。

步骤2：创建新Word文档。这时可以看到，在计算机桌面或文件夹窗口空白处创建一个命名为"新建Microsoft Word文档"的新文档文件，如图1-5所示。

步骤3：查看创建的文档。双击创建的文档文件，即可打开一个名为"新建Microsoft Word文档"的空白文档，如图1-6所示。

图1-3

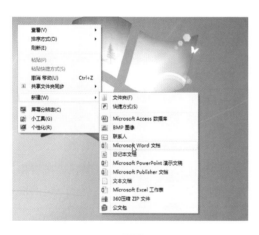

图1-4

图1-5

图1-6

方法3： **在现有的文档窗口中创建**

在打开的文档中单击"文件"标签，选择"新建"选项，在打开的"新建"面板中选择"空白文档"选项，即可创建一个新的空白文档，如图1-7所示。

图1-7

方法4： **应用桌面快捷方式创建**

步骤1： 创建桌面快捷方式。单击桌面左下角的"开始"按钮，在打开的列表中选择"所有程序>Microsoft Office 2013＞Word 2013"选项并右击，在弹出的快捷菜单中选择"发送到>桌面快捷方式"选项，如图1-8所示。

步骤2： 双击创建新Word文档。这时可以看到，在计算机桌面创建了Word 2013的快捷方式，点击该快捷方式即可新建空白Word文档，如图1-9所示。

图1-8

图1-9

知识点拨： 使用快捷键创建

可以直接按下Ctrl+N快捷键，快速创建一个空白的文档。

1.1.2 输入文本内容

上一小节学习了多种创建文档的方法，创建文档后，接着就要在文档中输入所需的文本，下面介绍在文档中输入商场招聘广告信息相关文本的操作方法。

（1）输入普通文本

要制作招聘广告，首先要在Word文档中输入具体的招聘广告信息，输入招聘信息文本的具体操作步骤如下。

步骤1： 打开文档。启动Word 2013后，可以看到在文档编辑区域显示了文本插入点，如图1-10所示。

步骤2： 输入文本内容。切换至所需的输入法，单击文档编辑区，在光标闪烁的插入点输入所需的文本内容，如图1-11所示。

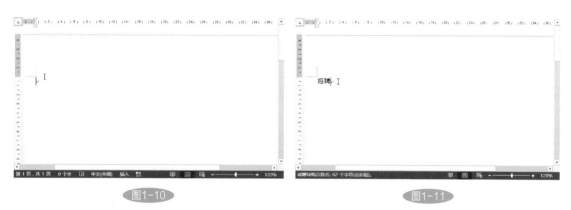

图1-10   图1-11

步骤3： 换行操作。若需要换行继续输入，则按下Enter键，将光标移至下一行的行首，如图1-12所示。

步骤4： 完成文本输入。继续输入招聘信息的正文内容，在需要换行的地方按下Enter键，实现换行操作，这样招聘广告的文本内容就输入好了，如图1-13所示。

图1-12   图1-13

（2）输入日期和时间

在Word 2013中，可以像输入普通文本一样手动输入日期和时间信息，也可以直接插入系统中当前的日期和时间，具体操作步骤如下。

步骤1： 打开"日期和时间"对话框。将文本插入点定位到文档中需要插入日期和时间信息的地方，然后切换至"插入"选项卡，单击"文本"选项组中的"日期和时间"按钮，打开"日期和时间"对话框，如图1-14所示。

步骤2： 选择日期和时间格式。在打开对话框的"可用格式"列表中，选择所需的日期和时间格式，如图1-15所示。

图1-14

图1-15

 注意事项： 自动更新日期和时间

在"日期和时间"对话框中，若勾选"自动更新"复选框，则插入文档中的日期和时间会随着系统日期和时间的变化而变化。

步骤3： 查看插入的日期效果。单击"确定"按钮，返回文档中，查看插入的日期效果，如图1-16所示。

图1-16

 知识点拨： 使用快捷键快速输入日期和时间

还可以使用快捷键快速输入当前的日期和时间，按下快捷Alt+Shift+D，即可输入当前的系统日期；按下快捷键Alt+Shift+T，即可输入当前系统的时间。

（3）输入特殊字符

在Word中，除了可以输入普通的汉字、英文字母或数字外，还可以根据需要输入一些特殊字符。下面介绍在招聘信息文档标题前和标题后插入特殊字符的方法，具体操作步骤如下。

步骤1：打开"符号"对话框。将文本插入点定位到文档中招聘广告标题文本前面，然后切换至"插入"选项卡，单击"符号"选项组中的"符号"下三角按钮，在下拉列表中选择"其他符号"选项，打开"符号"对话框，如图1-17所示。

步骤2：选择字体样式。在"符号"对话框中的"符号"选项卡下，单击"字体"下三角按钮，选择Wingdings选项，如图1-18所示。

图1-17

图1-18

知识点拨：选择更多可爱符号图形

Wingdings有三个系列字体，分别为Wingdings、Wingdings2和Wingdings3，在这些字体下可以选择更多的可爱图形符号。

步骤3：选择所需符号。这时可以看到，在符号列表中显示了Wingdings字体相关的符合，拖动右侧滚动条，选择所需符号，单击"插入"按钮，如图1-19所示。

步骤4：查看插入的符号。单击"关闭"按钮，返回文档中，查看插入的符号效果，如图1-20所示。

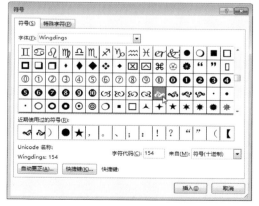

图1-19

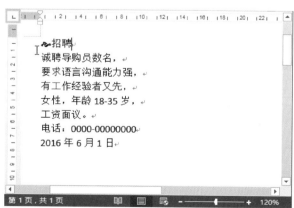

图1-20

步骤5：选择所需符号。再次打开"符号"对话框后，选择所需符号并双击，即可将该符号插入到文档中，如图1-21所示。

步骤6：查看插入的符号效果。单击"关闭"按钮，返回文档中，查看插入的符号效果，如图1-22所示。

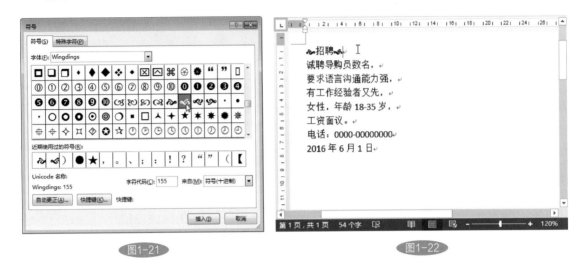

图1-21　　　　　　　　　　　图1-22

1.1.3 编辑文本内容

在文档中输入文本内容后，还要对其进行相应的编辑操作，如设置文本格式、设置文本对齐方式，以及对文本内容进行插入、改写或删除。下面介绍文本编辑的具体操作。

（1）设置文本格式

Word文本格式包括字体、字号、颜色和底纹等，通过对不同的文本设置不同的格式，可以使文档更加美观，重点更突出。在Word 2013中常用的设置文本格式有3种方法，下面分别进行介绍。

方法1： 在功能区中设置

步骤1：设置文本字体。选中需要设置格式的文本后，切换至"开始"选项卡，单击"字体"选项组中的"字体"下三角按钮，选择所需的字体样式，如图1-23所示。

步骤2：设置文本字号。单击"字体"选项组中的"字号"下三角按钮，在下拉列表中选择合适的文本字号大小，这里选择"初号"选项，如图1-24所示。

图1-23　　　　　　　　　　　图1-24

步骤3： 加粗文本。若想让标题更突出显眼，可以单击"加粗"按钮，加粗文本字体，如图1-25所示。

步骤4： 设置文本颜色。单击"字体颜色"下三角按钮，在打开的颜色库中选择合适的字体颜色，如图1-26所示。

图1-25　　　　　　　　　　　　　　　　图1-26

方法2： 在对话框中设置

步骤1： 打开"字体"对话框。选中需要设置格式的文本后，在"开始"选项卡下单击"字体"选项组的对话框启动器按钮，将打开"字体"对话框，如图1-27所示。

步骤2： 设置文本格式。在打开的"字体"对话框中的"字体"选项组中，根据需要设置合适的字体、字形、字号以及字体颜色等，如图1-28所示。

图1-27　　　　　　　　　　　　　　　　图1-28

方法3： 使用浮动工具栏设置

步骤1： 加粗文本。选中需要设置格式的文本（或选中文本后右键单击），即可出现Word的浮动工具栏，浮动工具栏中提供了常用的格式设置按钮，根据需要对文本的字体、字号、字体颜色等进行设置，如图1-29所示。

步骤2： 查看效果。这时可以看到设置文字格式后的文本效果，如图1-30所示。

图1-29

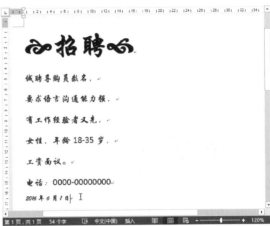

图1-30

知识点拨： 关闭浮动工具栏

如果不想使用浮动工具栏功能，可以选择"文件>选项"选项，打开"Word选项"对话框，在"常规"选项面板中取消勾选"选择时显示浮动工具栏"复选框，单击"确定"按钮，如图1-31所示。

图1-31

（2）设置文本对齐方式

设置招聘广告的文本格式后，接下来将对文本的对齐方式进行设置。Word 2013的文本对齐方式有左对齐、居中对齐、右对齐、两端对齐和分散对齐5种。下面将对如何设置文本的对齐方式进行介绍。

步骤1： 设置标题对齐方式。选中招聘广告的标题文本，在"开始"选项卡下的"段落"选项组中，单击"居中"按钮，将文本居中对齐，如图1-32所示。

步骤2： 打开"段落"对话框。还可以在"段落"对话框中设置文本对齐方式，首先单击"段落"选项组的对话框启动器按钮，将打开"段落"对话框，如图1-33所示。

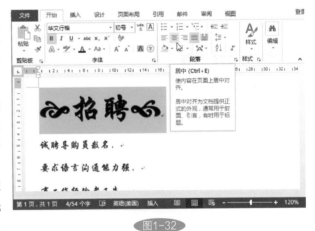

图1-32

步骤3： 设置文本右对齐。在"段落"对话框中的"缩进和间距"选项卡下，单击"对齐方式"下三角按钮，选择"右对齐"选项，如图1-34所示。

步骤4： 查看设置效果。单击"确定"按钮，返回文档中，可以看到当前文本的对齐效果，如图1-35所示。

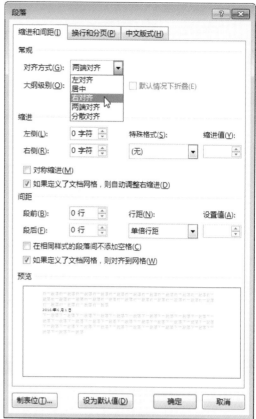

图1-33

图1-34

图1-35

（3）插入文本

在制作商场招聘广告时，输入完招聘内容后，若发现文档中有漏输的情况，可以使用插入功能输入漏输的文本，下面介绍具体操作。

步骤1： 定位光标。将光标定位在文档中需要插入文本的地方，切换至自己熟悉的输入法，输入所需的文本文字，如图1-36所示。

步骤2： 插入文本。按下空格键，即可在文档插入点处输入招聘广告中漏输的文本，如图1-37所示。

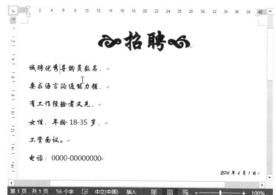

图1-36

图1-37

（4）改写文本

改写文本是指在向文档中输入正确的文本的同时，替换文档中错误的文本。下面介绍具体操作。

步骤1： 定位光标。将光标定位在文档中需要替换错误文本的地方，按下Insert键，如图1-38所示。

步骤2： 替换文本。这时可以看到，状态栏中的"插入"按钮将变为"改写"状态，在文本插入点输入"优"并按下空格键，Word将自动替换掉原来的"又"字，如图1-39所示。

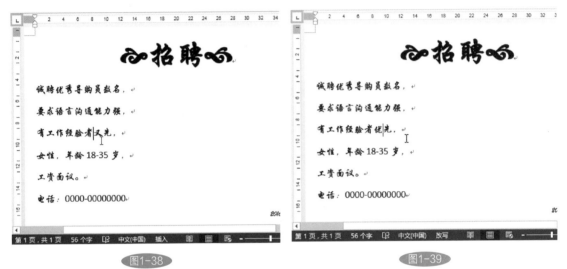

图1-38　　　　　　　　　　　图1-39

知识点拨： 关于插入文本和改写文本

插入文本是将文本插入点后的文本向后移，改写文本是每改写一个文本都将替换一个文本插入点后的文本。

需要注意的是，在对错误的文本改写完成后，Word不会自动切换至插入状态，需要手动再次按下Insert键，将其切换为插入状态。

（5）删除文本

在输入或修改文档内容时，若输入了错误的文本，就需要对错误的文本进行删除操作，具体方法如下。

① 在文本插入点处按下Delete键，删除插入点右侧的文本。

② 在文本插入点处按下Backspace键，删除插入点左侧的文本。

③ 选中要删除的文本，按下Delete键或Backspace键，删除选中的文本。

1.1.4　保存文档

商场招聘广告制作完成后，此时的文档并没有保存到计算机中，要想下次还能找到该文档，就要进行保存操作，将创建的文档保存在计算机中。保存文档的方法有多种，下面分别进行介绍。

（1）保存新建文档

对于首次创建的文档，可以根据需要将其保存到计算机中的指定位置。下面介绍具体操作。

步骤1：执行保存操作。文档编辑完成后，单击"文件"标签，选择"选项"选项，在"另存为"选项面板右侧单击"浏览"按钮，如图1-40所示。

步骤2：保存文档。在打开的"另存为"对话框中选择文档的保存位置，然后在"文件名"文本框中输入文件名，单击"保存"按钮即可，如图1-41所示。

图1-40　　　　　　　　　　　　　　　　　　　　图1-41

（2）保存已有文档

对已经保存过的文档进行编辑后，可以使用以下几种方法进行保存操作。

① 直接单击快速访问工具栏中的保存按钮，对文档进行保存操作，这是最常用的文档保存方法之一。

② 单击"文件"标签，选择"保存"选项，即可进行保存操作。

③ 按下快捷键Ctrl+S，快速进行保存操作。

④ 编辑完文档后，单击文档界面右上角的"关闭"按钮，这时系统将提示是否保存文档，单击"保存"按钮，即可保存并关闭文档。

（3）另存为文档

若要将打开的或修改后的文档保存为另外一个文档，或将文档保存到计算机中的其他位置，可以执行"另存为"操作。具体方法：单击"文件"标签，选择"另存为"选项，在"另存为"选项面板右侧单击"浏览"按钮，在打开的"另存为"对话框中重新选择文档的保存位置，然后设置文件名并单击"保存"按钮即可。

知识点拨： 将文档另存为其他文件类型

在打开的"另存为"对话框中，设置好文件名称后，单击"保存"类型下三角按钮，在下拉列表中选择所需的文件类型，单击"保存"按钮即可。

（4）自动保存文档

在文档编辑过程中，要随时注意文档的保存操作，避免在出现断电或死机等计算机异常情况时造成的文本内容丢失。这时可以应用Word的自动保存功能，在一定的时间间隔后对文档进行自动保存。下面介绍具体操作。

步骤1： 打开"Word选项"对话框。单击"文件"标签，选择"选项"选项，将打开"Word选项"对话框，如图1-42所示。

步骤2： 设置自定保存时间间隔。在打开的对话框中切换至"保存"选项面板，勾选"保存自动恢复信息时间间隔"复选框，在后面的数值框中设置时间间隔数值后，单击"确定"按钮即可，如图1-43所示。

图1-42　　　　　　　　　　　　　　图1-43

注意事项： 保存时间间隔设置

　　在设置自动保存时间间隔时，建议设置的时间间隔不要太短，以免Word频繁地进行自动保存而造成死机，影响工作。

1.1.5　打印文档

　　招聘广告文本编辑完成后，下面要做的是将其打印出来，让更多人看到。在工作中，要是需要经常进行打印操作，可以将"打印预览和打印"按钮添加到快速访问工具栏中，下面介绍文档打印的具体操作。

步骤1： 设置快速访问工具栏。首先单击快速访问工具栏中的"自定义快速访问工具栏"下三角按钮，选择"打印预览和打印"选项，如图1-44所示。

步骤2： 将打印按钮添加到快速访问工具栏。这时可以看到"打印预览和打印"按钮已经添加到快速访问工具栏了，然后单击该按钮，如图1-45所示。

图1-44　　　　　　　　　　　　　　图1-45

步骤3：单击"页面设置"超链接。在打开的"打印"面板中，可以对打印的相关选项进行设置，也可以单击面板底部的"页面设置"超链接，在打开的"页面设置"对话框中，对文档页面进行更详细的设置，如图1-46所示。

步骤4：设置纸张方向。在打开的"页面设置"对话框的"页边距"选项卡下，对文档的页边距和纸张方向等进行设置，如图1-47所示。

图1-46

图1-47

步骤5：设置纸张大小。切换至"纸张"选项卡，选择合适的纸张大小，如图1-48所示。

步骤6：预览打印效果。单击"确定"按钮，返回"打印"选项面板，在面板右侧的预览区域查看打印效果，如图1-49所示。然后单击图1-46中的"打印"按钮，进行文档的打印操作。

图1-48

图1-49

1.1.6 保护文档

招聘广告文本编辑完成后，可以对文档进行保护，避免别人查看或对文档误操作，下面介绍文档保护的操作。

步骤1： 打开"加密文档"对话框。单击"文件"标签，选择"信息"选项，在打开的"信息"选项面板中，单击"保护文档"下三角按钮，选择"用密码进行加密"选项，如图1-50所示。

步骤2： 设置文档的打开密码。这时将打开"加密文档"对话框，在"密码"文本框中输入文档的打开密码为123456，单击"确定"按钮，如图1-51所示。

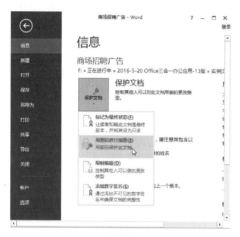

图1-50

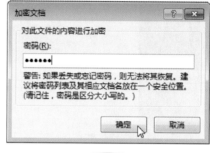

图1-51

步骤3： 确认密码。在打开的"确认密码"对话框中，再次输入文档的打开密码123456，单击"确定"按钮后，保存并关闭文档，如图1-52所示。

步骤4： 输入文档打开密码。再次双击打开"商场招聘广告"文档时，可以看到打开的"密码"对话框，只有输入了正确的打开密码，才能将文档打开，如图1-53所示。

图1-52

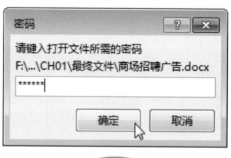

图1-53

知识点拨： **分别为文档设置打开密码和修改密码**

可以分别为文档设置打开和修改密码，方法是单击"文件"标签，选择"另存为"选项，在打开的"另存为"对话框中单击"工具"下三角按钮，选择"常规选项"选项，在打开的"常规选项"对话框中分别对文档的打开密码和修改密码进行设置。单击"确定"按钮返回"另存为"对话框，对文档进行另存为操作后，下次再打开另存为后的文档，即需要输入相应的密码。

1.2 制作企业用工合同

企业与劳动者建立用工关系时，为了对双方的权利义务进行一个规定，同时也为了避免以后出现纠纷时无据可依，一般需要签订一份企业用工合同。下面将创建企业用工合同范本，并对合同的页面和段落样式的设置进行介绍。

1.2.1 设置段落格式

在 Word 中创建用工合同后，为了更加符合人们的阅读习惯，也为了版面更加美观，一般需要对文档的段落格式进行相应的设置。

（1）设置段落缩进

通过设置文档的段落缩进，可以调整文档正文内容与页边之间的距离。下面介绍两种设置段落缩进的方法。

图1-54

方法1： 在"段落"选项组中设置

步骤1： 减少段落缩进。打开"企业用工合同"文档，选中除标题以外的其他文本段落，在"开始"选项卡下的"段落"选项组中，单击"减少缩进量"按钮，如图1-54所示。

步骤2： 查看缩进后效果。这时可以看到，文档中选中的文本段落向左侧缩进了一个字符，如图1-55所示。

方法2： 使用"段落"对话框进行设置

步骤1： 打开"段落"对话框。打开"企业用工合同"文档，选中除标题以外的其他文本段落，切换至"开始"选项卡，单击"段落"选项组的对话框启动器按钮，将打开"段落"对话框，如图1-56所示。

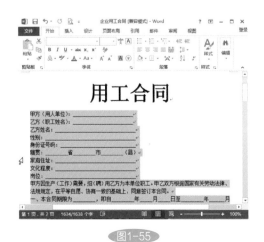

图1-55

图1-56

步骤2：设置段落缩进。在打开的对话框中切换至"缩进和间距"选项卡，单击"缩进"选项区域中的"特殊格式"下三角按钮，选择缩进方式为"悬挂缩进"，并在右侧的"缩进值"数值框中设置缩进的数值，如图1-57所示。

步骤3：查看缩进后效果。单击"确定"按钮，返回文档中查看设置悬挂缩进的效果，如图1-58所示。

图1-57

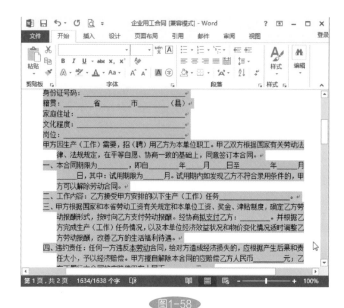

图1-58

（2）设置间距

间距是指行与行、行与段落或段落与段落之间的距离，在Word 2013中，可以根据需要设置这些间距。

步骤1：设置行间距。打开用工合同文档后，选中全篇文本，在"开始"选项卡下的"段落"选项组中，单击"行与段落间距"下三角按钮，选择行间距为1.5，如图1-59所示。

步骤2：打开"段落"对话框。选中标题文本，单击"段落"选项组的对话框启动器按钮，将打开"段落"对话框，如图1-60所示。

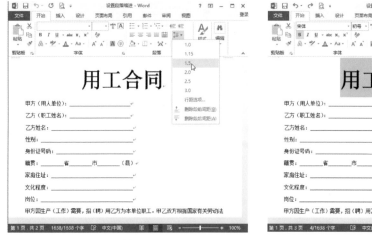

图1-59

图1-60

步骤3：设置标题与正文的间距。在"间距"选项区域中，单击"段前"和"段后"右侧的微调按钮，设置标题文本段前和段后的间距，如图1-61所示。

步骤4：查看效果。单击"确定"按钮，返回文档中查看设置标题与正文的间距后的效果，如图1-62所示。

图1-61

图1-62

知识点拨：在"页面布局"选项卡下设置间距

选中相应的文档内容后，切换至"页面布局"选项卡，在"段落"选项组中，单击"段前间距"和"段后间距"微调按钮，进行间距的设置，如图1-63所示。

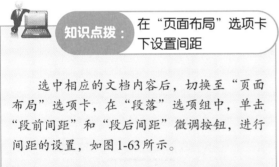

图1-63

1.2.2 添加项目符号和编号

合理地使用项目符号和编号，可以使文档的结构层次更加清晰、有条理。下面介绍在文档中添加项目符号和编号的方法。

（1）添加项目符号

在对文本进行编辑时，可以在输入文本时添加项目符号，也可以为已有文本添加项目符号，下面介绍为用工合同中的文本添加项目符号的方法，其具体步骤如下。

步骤1：选择文本。打开文档后，选择需要添加项目符号的文本，在"开始"选项卡下的"段落"选项组中，单击"项目符号"下三角按钮，如图1-64所示。

步骤2：选择项目符号样式。在打开的下拉列表中选择所需的项目符号样式，单击即可应用到所选文本，如图1-65所示。

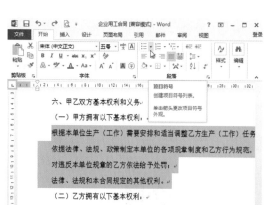

图1-64

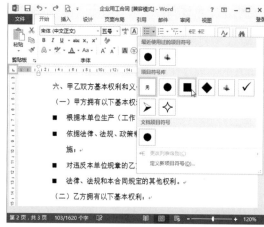

图1-65

（2）添加编号

在文档中为文本添加编号的操作方法，与添加项目符号类似，具体操作步骤如下。

步骤1： 选择编号样式。选择需要添加编号的文本后，在"开始"选项卡下的"段落"选项组中，单击"编号"下三角按钮，在打开的下拉列表中选择所需的编号样式，如图1-66所示。

步骤2： 定义新编号样式。若系统中提供的编号样式不能满足要求，还可以在"编号"下拉列表中选择"定义新编号格式"选项，在打开的对话框中，自定义编号样式，如图1-67所示。

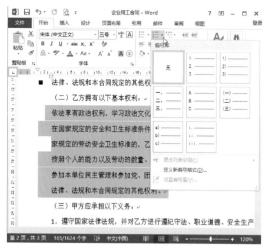

图1-66

图1-67

知识点拨： 修改项目符号和编号

文档中添加项目符号和编号后，若对其样式不满意，还可以进行相应的修改操作。

选中文档中添加项目符号或编号的所有文本，单击"段落"选项组中的"项目符号"或"编号"下三角按钮，重新选择所需的样式即可。

1.2.3 添加边框和底纹

在Word 2013中，可以根据需要为文档中的文本、段落和页面添加相应的边框和底纹，从而使文档中相关内容更加醒目，增强文档的可读性。

（1）添加边框

在文档编辑的过程中，为了美化或突出显示相关文本或关键字，可以为文档添加边框，其具体操作步骤如下。

步骤1： 选择边框样式。打开"企业用工合同"文档后，按住Ctrl键的同时选择所有需要添加边框的文本，单击"边框"下三角按钮，选择所需的边框样式，如图1-68所示。

步骤2： 打开"边框和底纹"对话框。如果"边框"列表中的样式不符合要求，可以选择"边框和底纹"选项，在打开的对话框中进行更多设置，如图1-69所示。

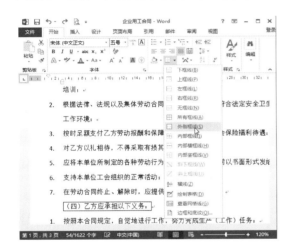

图1-68

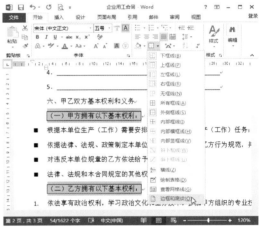

图1-69

步骤3： 设置边框样式。在"边框"选项卡下的"设置"列表中选择"阴影"选项，然后设置线条样式，如图1-70所示。

步骤4： 查看边框设置效果。单击"确定"按钮，返回文档中查看效果，如图1-71所示。

图1-70

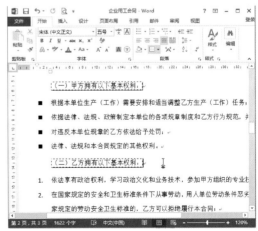

图1-71

（2）添加底纹

为了让文本内容更加醒目，还可以为文本添加底纹，具体操作如下。

步骤1： 为文本设置纯色底纹。打开"企业用工合同"文档后，选择需要添加底纹的文本，在"开始"选项卡下的"段落"选项组中，单击"底纹"下三角按钮，在打开的下拉列表中选择所需的底纹颜色，如图1-72所示。

步骤2： 打开"边框和底纹"对话框。如果想设置更丰富的底纹样式，可以单击"边框"下三角按钮，选择"边框和底纹"选项，在打开的对话框中进行更多设置，如图1-73所示。

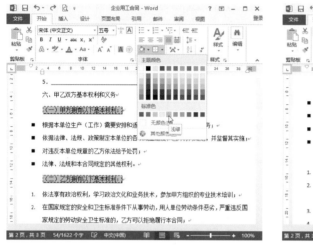

图1-72

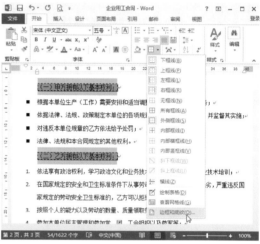

图1-73

步骤3： 设置底纹图案样式。在打开的"边框和底纹"对话框中，切换至"底纹"选项卡，单击"填充"下三角按钮，选择所需颜色，然后在"图案"选项区域中设置底纹的图案样式，如图1-74所示。

步骤4： 查看底纹样式效果。单击"确定"按钮，返回文档中查看设置的底纹效果，如图1-75所示。

图1-74

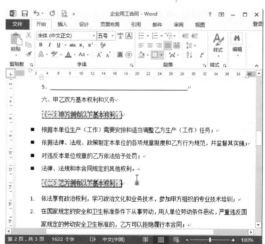

图1-75

1.2.4 设置页面背景

为了让"企业用工合同"文档看上去更加美观、专业，可以为文档设置页面背景，包括页面颜色、页面特殊填充效果以及水印等。

（1）设置页面颜色

设置文档页面颜色是指设置显示在Word文档最低层的颜色或图案，用于丰富文档页面的显示效果，设置文档页面颜色的具体操作步骤如下。

步骤1： 设置页面背景颜色。打开文档后，切换至"设计"选项卡，单击"页面背景"选项组中的"页面颜色"下三角按钮，选择所需的页面背景颜色，如图1-76所示。

步骤2： 打开"颜色"对话框。如果"页面颜色"下拉列表中的颜色无法满足要求，可以选择"其他颜色"选项，在打开的"颜色"对话框中进行自定义颜色，如图1-77所示。

图1-76

图1-77

步骤3： 自定义页面背景颜色。在打开的"颜色"对话框中，切换至"自定义"选项卡，对所需颜色进行自定义设置，如图1-78所示。

步骤4： 查看设置的页面背景效果。单击"确定"按钮，返回文档中查看设置的背景效果，如图1-79所示。

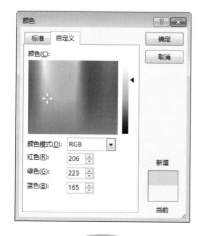

图1-78

图1-79

（2）设置页面特殊填充效果

在Word 2013中，还可以使用页面填充功能，为文档填充更加丰富的页面效果，具体操作步骤如下。

步骤1：打开"填充效果"对话框。打开文档后，切换至"设计"选项卡，单击"页面背景"选项组中的"页面颜色"下三角按钮，选择"填充效果"选项，打开"填充效果"对话框，如图1-80所示。

步骤2：打开"插入图片"面板。在打开的对话框中，切换至相应的选项卡，对文档进行渐变、纹理、图案或图片填充操作。这里切换至"图片"选项卡，单击"选择图片"按钮，对文档进行图片填充，如图1-81所示。

图1-80

图1-81

步骤3：打开"选择图片"对话框。在打开的"插入图片"面板中，选择插入填充图片的位置，这里选择计算机中的图片，单击"浏览"超链接，如图1-82所示。

步骤4：选择填充图片。在打开的"选择图片"对话框中，选择所需的填充图片，单击"插入"按钮，如图1-83所示。

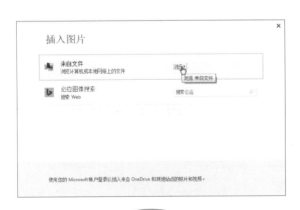

图1-82

图1-83

步骤5：预览图片填充效果。返回"填充效果"对话框，预览文档填充效果后，单击"确定"按钮，如图1-84所示。

步骤6：查看填充页面背景效果。返回文档中查看文档应用图片填充后的效果，如图1-85所示。

图1-84

图1-85

（3）添加水印

水印是一种作为文档背景图案的文字或图像，Word 2013提供了多种水印模板和自定义水印功能。下面对添加水印的方法进行介绍，具体操作步骤如下。

步骤1：选择内置水印样式。打开文档后，切换至"设计"选项卡，单击"页面背景"选项组中的"水印"下三角按钮，选择内置的水印样式，如图1-86所示。

步骤2：打开"水印"对话框。如果系统内置的水印样式无法满足要求，可以选择"自定义水印"选项，在打开的"水印"对话框中进行自定义设置，如图1-87所示。

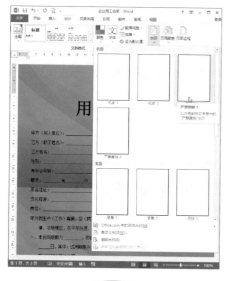

图1-86

图1-87

步骤3：自定义水印。在打开的"水印"对话框中，选择添加的水印类型，这里单击"文字水印"单选按钮，并进行相应的水印样式设置，如图1-88所示。

步骤4：查看设置水印效果。单击"确定"按钮，返回文档中查看设置的水印效果，如图1-89所示。

图1-88

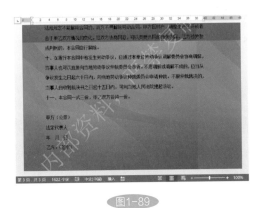

图1-89

1.2.5　文档视图的选择

Word提供了页面视图、阅读视图、Web版式视图、大纲视图和草稿视图5种视图模式，在进行文档内容显示和操作时，可以根据不同的需要选择不同的视图模式。

（1）文档的视图方式

在Word 2013中，选择不同的视图方式，其操作界面也各不相同。下面对5种视图方式进行介绍。

① 页面视图：该视图为Word的默认视图模式，在各页之间显示灰条，以清晰展示每页结束位置，并且可以同时显示文档的多个页面。可以显示文档的打印结果外观，包括页眉页脚、图形对象、页边距和分栏设置等，是最接近打印结果的页面视图，如图1-90所示。

② 阅读视图：该视图为全屏显示文档，使阅读更加舒适，其中功能区、选项卡等窗口元素被隐藏起来。也可以使用"导航"窗格快速跳转到文档不同位置，如图1-91所示。

图1-90

图1-91

③ Web版式视图：该视图以网页形式显示Word文档，适用于发送电子邮件或创建网页。可以将文档保存为HTML代码，以便轻松创建Web内容，如图1-92所示。

④ 大纲视图：该视图主要用于Word文档结构的设置和浏览，切换至大纲视图后，每个标题旁边都有一个加号或减号，用以展开或收缩标题下的内容，如图1-93所示。

图1-92

图1-93

⑤ 草稿视图：该视图仅显示文档的标题和正文，取消了页面设置、分栏和页眉页脚等元素。适合组织、合成文档，由于不够精确，不适合编辑、预览或打印文档，如图1-94所示。

（2）选择视图方式

介绍了Word的5种视图方式后，下面介绍2种选择视图方式的方法。

方法1： **在"视图"选项卡下选择**

打开"企业用工合同"文档后，切换至"视图"选项卡，单击"文档视图"选项组中对应的视图按钮，即可切换文档视图，如图1-95所示。

图1-94

图1-95

方法2： **使用视图选择按钮选择**

打开"企业用工合同"文档后，单击在状态栏右侧相应的视图按钮，即可切换相应的文档视图，如图1-96所示。

图1-96

（3）调整页面显示比例

在一些大型文档中，设置页面的显示比例为100%时，文档内容可能无法显示完整，这时就需要调整页面的显示比例，以方便查看整个文档。下面介绍调整页面显示比例的操作。

步骤1：打开"显示比例"对话框。打开文档后，切换至"视图"选项卡，在"显示比例"选项组中单击"显示比例"按钮，即可打开"显示比例"对话框，如图1-97所示。

步骤2：设置显示比例。在打开"显示比例"对话框中，设置需要的显示比例即可，如图1-98所示。

图1-97

图1-98

知识点拨： 其他设置页面显示比例

方法1：单击"显示比例"按钮，打开"显示比例"对话框进行设置；也可以拖动滑块或单击"放大""缩小"按钮改变显示比例，如图1-99所示。

图1-99

方法2：按住Ctrl键不放，滚动鼠标中键，快速调整页面显示比例。

第 2 章

制作图文混排文档

本章概述

    Word的强大之处不仅仅体现在其文字处理能力方面，应用Word 2013的图文混排功能，可以强化文档效果，使文档更吸引人，具有更强的阅读性。

    本章将介绍在文档中插入各种图片形状、绘制流程图、为文档应用样式、为文档设计封面以及插入页眉页脚的操作方法，通过本章内容的学习，使读者可以制作出页面美观、专业的文档。

知识点一览

在文档中插入艺术字

在文档中插入并编辑图片

应用SmartArt图形创建流程图

为文档应用样式

为文档设计封面

在文档中插入目录

在文档中插入页眉页脚

2.1 制作产品宣传页文档

在当今市场竞争的社会环境下，产品宣传画册是营销活动中一项重要的宣传手段，是更有效、更直接的宣传道具。本节将介绍使用Word制作产品宣传页的操作方法。

2.1.1 使用艺术字

艺术字是文档中具有特殊效果的文字，字体具有美观有趣、易认易识、醒目张扬等特性。在文档中使用艺术字不仅可以美化文档，还能突显要表达的内容。

（1）插入艺术字

下面介绍插入艺术字的具体操作步骤。

步骤1： 打开文档。新建空白文档并命名为"产品宣传页"，然后切换至"插入"选项卡，单击"文本"选项组的"艺术字"下三角按钮，选择所需艺术字样式选项，如图2-1所示。

步骤2： 插入艺术字文本框。这时可以看到，在文档中插入的所选艺术字样式的文本框，如图2-2所示。

图2-1

图2-2

步骤3： 输入文本。在插入的艺术字文本框中输入所需文本，效果如图2-3所示。

图2-3

知识点拨： 将现有文本转换为艺术字

选中要转换为艺术字的文本，切换至"插入"选项卡，单击"文本"选项组中的"艺术字"下三角按钮，在下拉列表中选择合适的艺术字样式，即可将所选文本转换为艺术字。

（2）编辑艺术字

在文档中插入艺术字后，功能区中会出现"绘图工具-格式"选项卡，在该选项卡下可以对艺术字进行编辑操作，具体操作步骤如下。

步骤1： 设置艺术字的文本填充效果。选中要编辑的艺术字，在"绘图工具-格式"选项卡下，单击"艺术字样式"选项组的"文本填充"下三角按钮，选择所需的填充颜色，如图2-4所示。

步骤2： 设置艺术字的阴影效果。单击"艺术字样式"选项组的"文字效果"下三角按钮，在"阴影"子列表中选择所需的阴影效果，如图2-5所示。

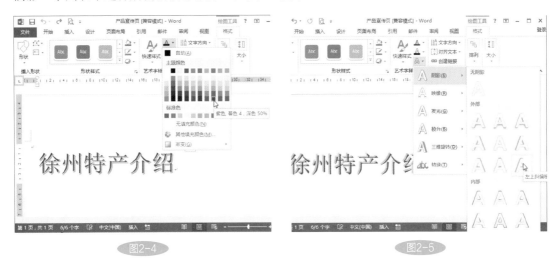

图2-4　　　　　　　　　　　图2-5

步骤3： 设置艺术字的转换效果。单击"艺术字样式"选项组的"文字效果"下三角按钮，在"转换"子列表中选择所需的艺术字转换效果，如图2-6所示。

步骤4： 为艺术字应用快速样式。单击"形状样式"选项组的"其他"下三角按钮，在打开的快速样式库中选择艺术字的形状样式效果，如图2-7所示。

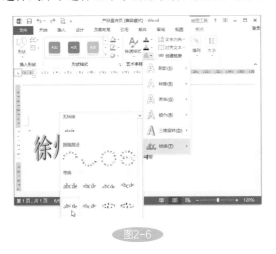
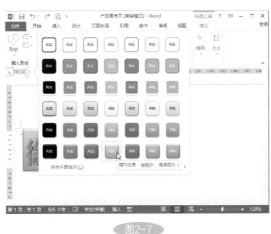

图2-6　　　　　　　　　　　图2-7

知识点拨： 自定义艺术字的形状效果

在"形状样式"选项组中，可以单击"形状填充""形状轮廓"和"形状效果"下三角按钮，自定义艺术字的形状效果，如图2-8所示。

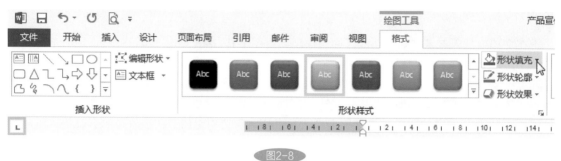

图2-8

步骤5： 更改艺术字样式。可以根据需要更改艺术字样式，单击"艺术字样式"选项组的"其他"下三角按钮，在打开的艺术字样式库中选择所需的样式效果，如图2-9所示。

图2-9

知识点拨： 设置艺术字的环绕方式

因为艺术字具有图片和图形的很多属性，可以为艺术字设置文字环绕方式。默认情况下，艺术字文字环绕为"浮于文字上方"方式，用户可以重新设置其文字环绕方式。

选中艺术字后，单击其右上角的"布局选项"按钮，在打开的面板中选择所需的环绕方式，如图2-10所示。

图2-10

2.1.2　插入产品图片

为产品宣传页添加图片，可以让产品的宣传效果更加直观、形象，使文档效果更加丰富。下面介绍在文档中插入图片的操作方法。

方法1： 插入计算机中的图片

步骤1： 输入产品宣传文本。打开"产品宣传页"文档，根据需要输入产品宣传的相关文本，如图2-11所示。

步骤2： 打开"插入图片"对话框。切换至"插入"选项卡，单击"插图"选项组中的"图片"按钮，将打开"插入图片"对话框，如图2-12所示。

步骤3： 选择图片。选择需要插入文档中的图片，单击"插入"按钮，如图2-13所示。

步骤4： 查看插入的图片效果。返回文档中，即可查看插入的图片效果，如图2-14所示。

图2-11

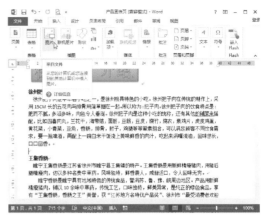

图2-12

图2-13

图2-14

方法2：　插入联机图片

步骤1： 打开"插入图片"面板。在文档中选择需要插入图片的位置后，单击"插入"选项卡下的"联机图片"按钮，打开"插入图片"面板，如图2-15所示。

步骤2： 输入要搜索图片关键字。打开"插入图片"面板后，在搜索文本框中输入要搜索图片的关键字，单击"搜索"按钮，如图2-16所示。

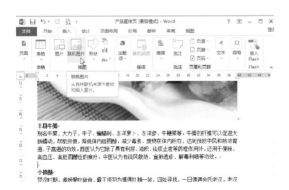

图2-15

图2-16

步骤3：选择图片。在打开的搜索结果列表中，选择所需的图片，单击"插入"按钮，如图2-17所示。

步骤4：查看插入的图片效果。返回文档中，即可查看插入的图片效果，如图2-18所示。

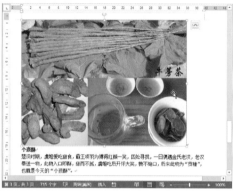

图2-17　　　　　　　　　　　　图2-18

2.1.3　编辑产品图片

在文档中插入图片后，需要进行相应的编辑操作，使插入的图片更加美观、实用，下面介绍编辑图片的方法。

（1）调整图片大小

在文档中插入图片后，可以根据文档实际的排版需要，调整图片的大小，具体操作步骤如下。

步骤1：选中图片。单击选中图片后，可以看到图片上将显示8个控制柄，将鼠标移动到四角的控制柄上，如图2-19所示。

步骤2：调整图片大小。待鼠标指针变成双向斜线箭头时，按住鼠标左键进行拖动，即可按比例调整图片大小，如图2-20所示。

图2-19　　　　　　　　　　　　图2-20

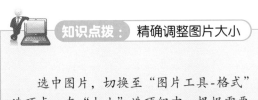

知识点拨：精确调整图片大小

选中图片，切换至"图片工具-格式"选项卡，在"大小"选项组中，根据需要设置图片精确的高度值和宽度值，如图2-21所示。

图2-21

（2）裁剪图片

在文档中插入图片后，可以根据需要对图片进行裁剪操作，既可以直接裁剪图片、按比例裁剪图片，还可以将图片裁剪为形状。下面介绍具体操作方法。

方法1：　直接裁剪图片

步骤1：选中图片。单击图片后，切换至"图片工具-格式"选项卡，单击"大小"选项组中的"裁剪"按钮，如图2-22所示。

步骤2：裁剪图片。这时图片周围会出现8个裁剪控制柄，将鼠标指针定位到裁剪柄上，按住鼠标左键拖动，选择要裁剪的区域，如图2-23所示。

图2-22

图2-23

步骤3：确认裁剪。再次单击"裁剪"按钮，或直接按下Enter键，即可将裁剪框以外部分的图片裁剪掉，如图2-24所示。

图2-24

方法2： **按比例裁剪图片**

步骤1： 选择裁剪比例。选择图片后，切换至"图片工具 - 格式"选项卡，单击"裁剪"下三角按钮，选择"纵横比"选项，在子列表中选择所需的纵横比选项，如图2-25所示。

步骤2： 确认裁剪。然后按下Enter键，即可根据所选比例对图片进行裁剪操作，如图2-26所示。

图2-25

图2-26

方法3： **将图片裁剪为一定形状**

步骤1： 选择裁剪形状。选择图片后，切换至"图片工具 - 格式"选项卡，单击"裁剪"下三角按钮，选择"裁剪为形状"选项，在子列表中选择所需的裁剪形状，如图2-27所示。

步骤2： 确认裁剪。然后按下Enter键，即可根据所选形状对图片进行裁剪操作，如图2-28所示。

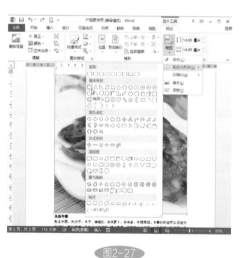

图2-27

图2-28

（3）调整图片位置

在Word中插入图片后，可以根据排版需要将图片移动到合适的位置，具体操作步骤如下。

步骤1： 设置图片环绕方式。选中图片后，单击其右上角的"布局选项"按钮，在打开的面板中选择所需的环绕方式，如图2-29所示。

步骤2：调整图片在文档中的位置。选中图片后，按住鼠标左键不放拖动到文档中合适的位置即可，如图2-30所示。

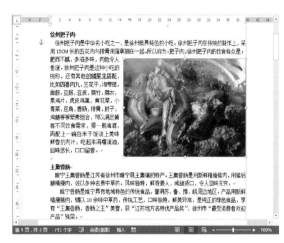

图2-29　　　　　　　　　　　　　图2-30

知识点拨：图片环绕方式

在图文混排的文档中，图片的排版是指图片与文字之间的排列关系，也可称为图片的文本环绕方式，共有7种环绕方式，分别为嵌入型、四周型、紧密型、穿越型、上下型、衬于文字下方和浮于文字上方。

2.1.4　美化产品图片

在产品宣传页中插入图片后，还可以为图片进行相应的美化操作，如为图片添加边框、调整图片的显示效果、应用艺术效果、应用快速样式等。下面介绍为产品宣传页中的图片进行美化的操作方法。

（1）调整图片的显示效果

在Word中插入图片后，可以根据需要调整图片的色调和饱和度，提高图片的显示效果，具体操作如下。

步骤1：选中图片。选中图片后，切换至"图片工具-格式"选项卡，单击"调整"选项组中的"颜色"下三角按钮，如图2-31所示。

步骤2：设置图片饱和度。在打开的列表中的"颜色饱和度"选项区域中，选择合适的颜色饱和度选项，如图2-32所示。

步骤3：设置图片色调。单击"颜色"下三角按钮，在打开的列表中的"色调"选项区域中，选择合适的色调选项，如图2-33所示。

步骤4：查看效果。返回文档中，查看设置色调和饱和度后的图片效果，如图2-34所示。

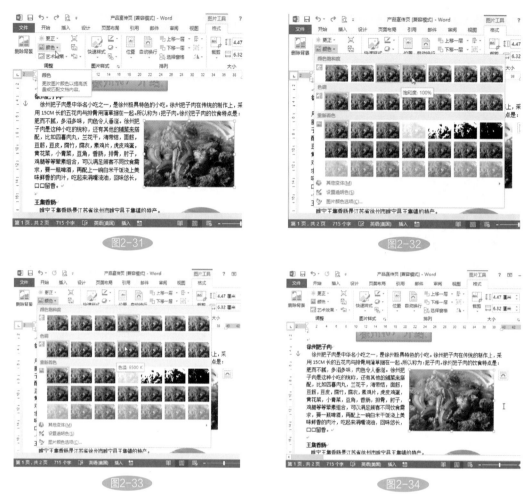

图2-31

图2-32

图2-33

图2-34

（2）为图片添加边框

下面介绍为产品宣传页中的图片添加边框的具体操作步骤。

步骤1： 选择图片。选中图片后，切换至"图片工具-格式"选项卡，单击"图片样式"选项组中的"图片边框"下三角按钮，如图2-35所示。

步骤2： 选择边框样式。在打开的列表中选择"粗细"选项，然后在子列表中选择线条的粗细样式，如图2-36所示。

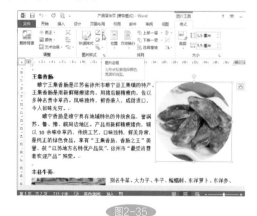

图2-35

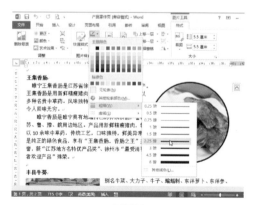

图2-36

步骤3：设置边框颜色。单击"图片边框"下三角按钮，选择合适的边框颜色，效果如图2-37所示。

知识点拨：为图片边框设置更多效果

　　单击"图片边框"下三角按钮，在打开的列表中选择"粗细"选项，然后在子列表中选择"其他线型"选项，在打开的"设置图片格式"导航窗格中，为图片设置更多的边框效果，如图2-38所示。

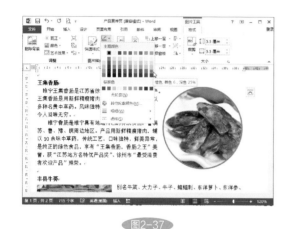

图2-37

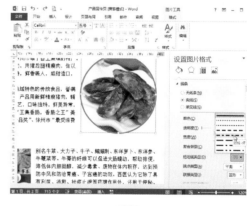

图2-38

（3）为图片应用视觉效果

　　Word 2013提供的"图片效果"功能，可以为所选图片应用阴影、发光、映像或三维旋转等效果，使画面效果更加丰富。下面介绍具体操作。

步骤1：选择图片。选中图片后，切换至"图片工具-格式"选项卡，单击"图片样式"选项组中的"图片效果"下三角按钮，如图2-39所示。

步骤2：设置图片的映像效果。在打开的列表中选择"映像"选项，然后在子列表中选择所需的映像效果，如图2-40所示。

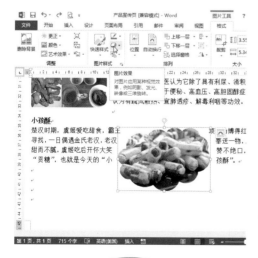

图2-39

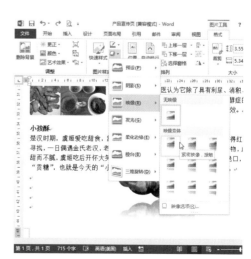

图2-40

步骤3：查看效果。对文本版式进行相应的整理，效果如图2-41所示。

（4）为图片应用快速样式

在Word 2013的快速样式库中，可以一次性地设置图片的多种属性，而不用单独更改图片的形状、边框或效果等属性。下面介绍为图片应用快速样式的具体操作。

步骤1：选择预设样式。选中图片后，切换至"图片工具-格式"选项卡，单击"图片样式"选项组中的"快速样式"下三角按钮，在下拉列表库中选择所需的图片样式效果，如图2-42所示。

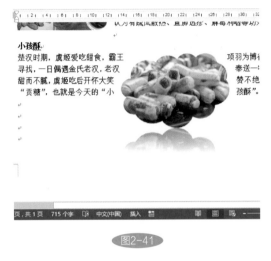

图2-41

步骤2：查看效果。这时可看到文档中的图片应用所选样式后的效果，如图2-43所示。

图2-42

图2-43

步骤3：查看效果。选择"文件>打印"选项，在打印面板中查看创建的产品宣传页文档效果，如图2-44所示。

图2-44

知识点拨：更正图片

在文档中插入图片后，可以利用Word的"更正"功能控制图片的颜色、亮度和对比度。

具体操作方法：选中图片，切换至"图片工具 - 格式"选项卡，单击"调整"选项组中的"更正"下三角按钮，在下拉列表中选择相应的选项，对图片进行相应的更正设置，如图2-45所示。

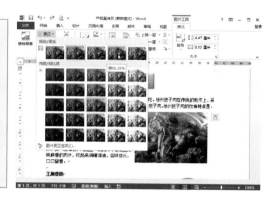

图2-45

2.2 制作电商网站业务流程图

目前企业发展面临激烈的市场竞争，为了改善竞争条件，建立竞争优势，很多企业纷纷将目光投向电子商务。本节将介绍应用Word的文本框和SmartArt图形功能，制作电商网站业务流程图的操作方法。

2.2.1 设计流程图标题

下面介绍应用Word 2013的文本框功能设计电商网站业务流程图的标题。

（1）插入文本框

应用Word的文本框可以突出显示所包含的内容，非常适合展示重要的文字，如标题等。下面介绍在文档中插入文本框的具体操作。

步骤1：选择文本框样式。新建文档并命名为"电商网站业务流程图"，打开文档并切换至"插入"选项卡，单击"文本"选项组中的"文本框"下三角按钮，在下拉列表中选择合适的文本框样式，如图2-46所示。

步骤2：在文档中插入文本框。这时可以看到文档中已经插入所需的文本框样式，如图2-47所示。

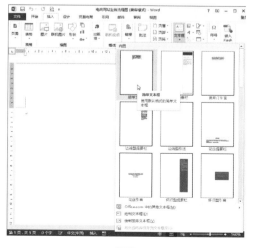

图2-46

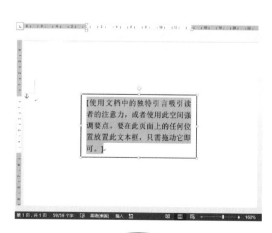

图2-47

步骤3：输入文本框内容。删除插入的文本框中的内容，重新输入用户所需的文本内容即可，如图2-48所示。

（2）编辑文本框

在文档中插入文本框后，可以根据需要对文本框进行相应的编辑操作，具体操作如下。

步骤1：设置文本字体。选中文本框后，切换至"开始"选项卡，单击"字体"选项组中的"字体"下三角按钮，选择所需的字体样式，如图2-49所示。

步骤2：设置文本字号。单击"字号"下三角按钮，选择合适的字号大小，如图2-50所示。

图2-48

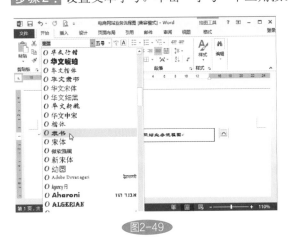

图2-49

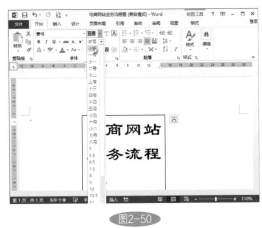

图2-50

步骤3：调整文本框大小。选中文本框，将光标移至文本框右下角，待变为双向箭头时，按住鼠标左键进行相应的移动拖放，设置合适的文本框大小，如图2-51所示。

步骤4：移动文本框。选中文本框，按住鼠标左键不放，移动到合适位置后释放鼠标，即可移动文本框，如图2-52所示。

图2-51

图2-52

步骤5：为文本框应用艺术字样式。选中文本框后，切换至"绘图工具-格式"选项卡，单击快速样式下三角按钮，选择合适的艺术字样式，如图2-53所示。

图2-53

2.2.2 绘制流程图

要创建电商网站业务流程图，应用Word的SmartArt图形无疑是最佳的选择。在工作中，我们经常使用SmartArt图形来描述流程、关系、列表、层次结构或循环效果，SmartArt图形是信息和观点的视觉表现形式，能够快速有效地传达信息。

（1）插入SmartArt图形

步骤1：打开文档。打开"电商网站业务流程图"文档后，切换至"插入"选项卡，单击"插图"选项组中SmartArt按钮，如图2-54所示。

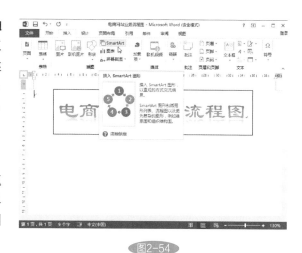

图2-54

步骤2：选择SmartArt图形样式。在打开的"选择SmartArt图形"对话框中，选择合适的图形类型，单击"确定"按钮，如图2-55所示。

步骤3：查看结果。返回文档中，可以看到插入的SmartArt图形样式，如图2-56所示。

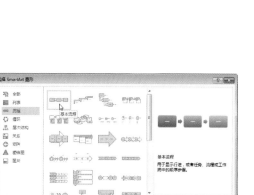

图2-55

图2-56

知识点拨： SmartArt图形类型的选择

"列表"用于展示任务、流程或工作流中的顺序步骤；"流程"用于展示时间线或流程的步骤；"循环"用于展示重复连续的流程；"层次结构"用于展示决策树或创建组织架构图；"关系"用于描述关系；"矩阵"用于展示部分如何与整体相关联；"棱锥图"用于展示成比例的关联性上升与下降情况；"图片"用于将图片转换成SmartArt图形；"Office.com："用于显示Office.com中SmartArt图形。

（2）设置SmartArt图形格式

在文档中创建SmartArt图形后，可以根据需要对SmartArt图形格式进行设置，具体操作如下。

步骤1： 显示/隐藏文本窗格。创建SmartArt图形后，切换至"SmartArt工具-格式"选项卡，单击"创建图形"选项组中的"文本窗格"按钮，隐藏文本窗格，若要显示，则再次单击"文本窗格"按钮即可，如图2-57所示。

步骤2： 更改SmartArt图形大小。选中SmartArt图形后，将光标放在图形的右下角，待变为双向箭头形状时，按住鼠标左键不放进行拖动，拖动到适当位置释放鼠标，即可更改其大小，如图2-58所示。

图2-57

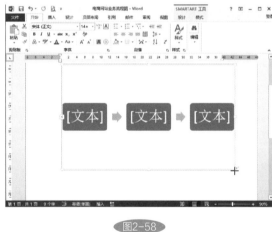

图2-58

知识点拨： 其他显示/隐藏文本窗格的方法

选中SmartArt图形后，单击图形左侧的箭头折叠按钮，即可打开或隐藏文本窗格，如图2-59所示。

图2-59

步骤3：设置文档纸张方向。选择"文件>打印"选项，在"打印"面板中设置文档的纸张方向为"横向"，如图2-60所示。

步骤4：设置SmartArt图形环绕方式。选中SmartArt图形后，单击图形右上角的"布局选项"按钮，在打开的面板中选择图形的环绕方式，如图2-61所示。

图2-60

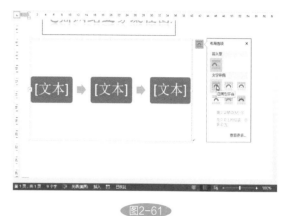

图2-61

步骤5：移动SmartArt图形。选中SmartArt图形后，待光标变为十字箭头形状时，按住鼠标左键不放进行拖动，即可移动SmartArt图形，如图2-62所示。

（3）在SmartArt图形中添加形状

在工作表中插入SmartArt图形后，若图形中的形状不够，可以在SmartArt图形中添加形状，具体操作如下。

步骤1：选择插入形状的位置。选中插入的SmartArt图形，切换至"SmartArt工具-设计"

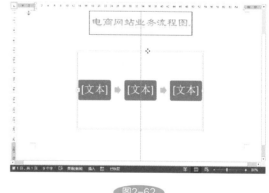

图2-62

选项卡，单击"创建图形"选项组中的"添加形状"下三角按钮，选择插入形状的位置，如图2-63所示。

步骤2：查看效果。根据需要插入多个形状，效果如图2-64所示。

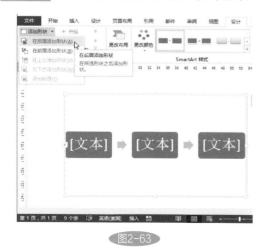

图2-63

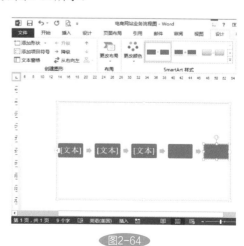

图2-64

知识点拨： 将SmartArt图形恢复到初始状态

选择SmartArt图形后，切换至"SmartArt工具-设计"选项卡，单击"重置"选项组中的"重置图形"按钮。

（4）在SmartArt图形中输入文字

在文档中插入SmartArt图形后，根据需要输入电商网站订单流程的相关内容，具体操作如下。

步骤1： 打开文本窗格。打开要输入SmartArt图形文字的文档，单击图形右侧的展开按钮，打开文本窗格，如图2-65所示。

步骤2： 在文本窗格中输入文字。在展开的文本窗格中，将光标定位到需要输入文本的地方，然后输入相应的文本内容，如图2-66所示。

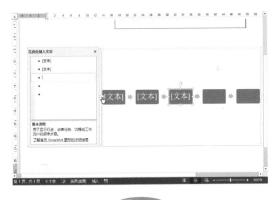

图2-65

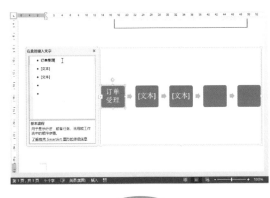

图2-66

步骤3： 在形状上输入文字。单击SmartArt图形中的形状，直接输入文本内容，然后，单击文本窗格右上角的"关闭"按钮，如图2-67所示。

步骤4： 查看效果。在编辑区中查看输入文本后的图形效果，如图2-68所示。

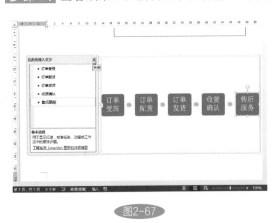

图2-67

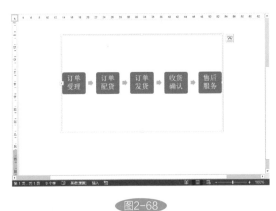

图2-68

2.2.3 美化流程图

创建SmartArt图形后，还可以对其进行相应的美化操作，具体操作如下。

步骤1： 设置文本字体字号。选中SmartArt图形后，在"开始"选项卡下的"字体"选项组中对文本的字体字号进行设置，如图2-69所示。

步骤2：为文本应用快速样式。切换至"SmartArt工具-格式"选项卡，单击"艺术字样式"选项组中的快速样式下三角按钮，选择合适的文本艺术字样式，如图2-70所示。

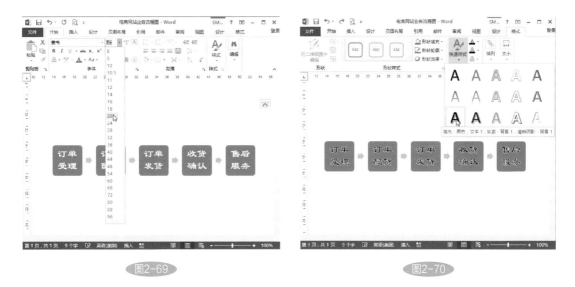

图2-69　　　　　　　　　　　　　　　　图2-70

步骤3：设置SmartArt图形颜色。切换至"SmartArt工具-设计"选项卡，单击"SmartArt样式"选项组中的"更改颜色"下三角按钮，在下拉列表中选择合适的SmartArt图形颜色，如图2-71所示。

步骤4：设置SmartArt图形外观样式。单击"SmartArt样式"选项组中的"其他"下三角按钮，在下拉列表中选择SmartArt图形的总体外观样式，如图2-72所示。

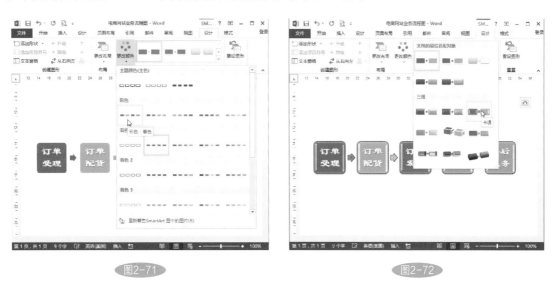

图2-71　　　　　　　　　　　　　　　　图2-72

2.2.4　更改流程图样式

创建SmartArt图形后，如果创建的图形不符合要求，还可以更改图形样式，具体操作如下。

步骤1：重新选择流程图样式。选中SmartArt图形后，切换至"SmartArt工具-设计"选项卡，单击"布局"选项组中的"其他"下三角按钮，在下拉列表中重新选择所需的图形样式，这里选择"垂直流程"样式，如图2-73所示。

步骤2：查看最终效果。选中标题文本框，在"绘图工具-格式"选项卡下"形状样式"选项组中单击"形状轮廓"下三角按钮，选择"无轮廓"选项，最终效果如图2-74所示。

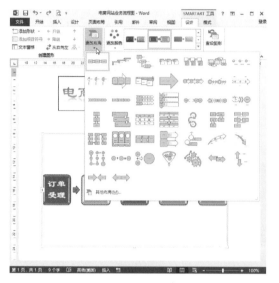

图2-73

图2-74

2.3 制作企业年终工作总结文档

　　企业年终报告是对过去一年内所有工作的总结，用于指导下一阶段工作的一种书面文体。本小节将对如何制作企业年终报告文档进行详细介绍，包括如何设置标题样式、设计文档封面、提取目录以及插入页眉页脚等。

2.3.1 设置样式

　　在使用Word进行自动化排版前，须对文档中要用到的样式进行设置，并予以保存，具体操作如下。

步骤1：修改标题样式。打开"企业年终工作总结"文档，在"开始"选项卡下的"样式"选项组，选择"标题"样式并右击，选择"修改"命令，如图2-75所示。

步骤2：设置标题样式。在打开的"修改样式"对话框中，对标题样式进行设置，如图2-76所示。

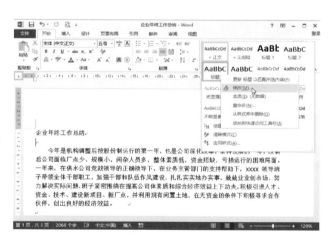

图2-75

步骤3：设置标题1样式。在"样式"选项组中选择"标题1"样式并右击，选择"修改"命令，在打开的对话框中，对标题1样式进行设置，如图2-77所示。

步骤4：设置标题2样式。同样的方法打开标题2的"修改样式"对话框，对该标题样式进行修改，如图2-78所示。

图2-76

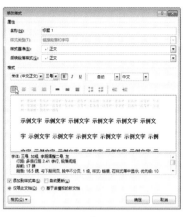
图2-77

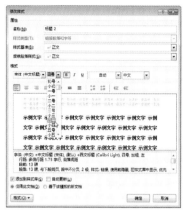
图2-78

2.3.2 应用样式

设置好需要的样式后，就可以将其应用到文档中，具体操作如下。

步骤1：设置一级标题样式。选中文档中一级标题文本，"开始"选项卡下单击"样式"选项组中的"其他"下三角按钮，选择"标题"样式，如图2-79所示。

步骤2：设置二级标题样式。选中文档中二级标题文本，单击"样式"选项组中的"其他"下三角按钮，选择"标题1"样式，如图2-80所示。

图2-79

图2-80

步骤3：设置三级标题样式。选中文档中三级标题文本，单击"样式"选项组中的"其他"下三角按钮，选择"标题2"样式，如图2-81所示。

步骤4：查看文档结构。设置好标题样式后，切换至"视图"选项卡，勾选"显示"选项组中的"导航窗格"复选框，将在文档编辑区左侧出现导航窗格，从而清楚地看到文档的标题结构，如图2-82所示。

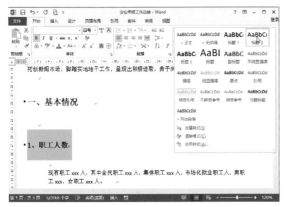

图2-81

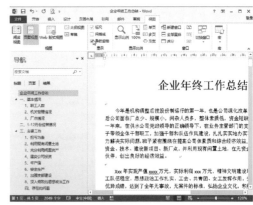

图2-82

2.3.3 设计文档封面

在Word中可以很轻松地为文档添加封面，封面中提供了文档的简介或需要呈现给读者的重要信息。为文档添加漂亮的封面，可以给人留下良好的第一印象。下面介绍为企业年终工作总结文档添加封面的操作方法。

（1）添加内置封面

步骤1：打开封面选项列表。打开文档后，切换至"插入"选项卡，单击"页面"选项组中的"封面"下三角按钮，如图2-83所示。

步骤2：选择封面样式。在打开的封面选项列表中选择所需的封面样式，如图2-84所示。

图2-83

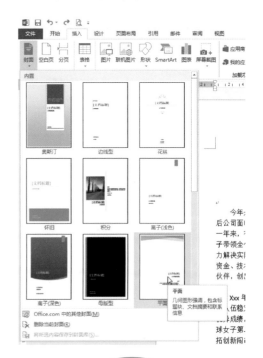

图2-84

步骤3：查看文档中添加的封面效果。此时，文档中插入一个"平面"型的文档封面，根据实际需要进行相应的输入即可，如图2-85所示。

（2）自定义文档封面

如果觉得内置的封面样式不能满足需要，还可以自定义封面，设置符合要求的个性化封面，具体操作步骤如下。

步骤1：打开"插入图片"对话框。使用Delete键删除原来内置封面中的文本框和图形，切换至"插入"选项卡，单击"插图"选项组中的"图片"按钮，如图2-86所示。

图2-85

步骤2：选择背景图片。在打开的"插入图片"对话框中选择要插入文档中的图片，单击"插入"按钮，如图2-87所示。

图2-86

图2-87

步骤3：打开"布局"对话框。选中插入文档中的图片并右击，选择"大小和位置"命令，如图2-88所示。

步骤4：设置图片的位置。在打开的"布局"对话框中，切换至"位置"选项卡，在"水平"选项区域中设置图片在水平页面中的绝对位置；在"垂直"选项区域中设置图片在垂直页面中的绝对位置，如图2-89所示。

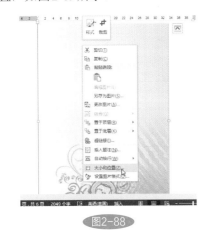

图2-88

图2-89

步骤5：设置图片的环绕方式。切换至"文字环绕"选项卡，在"环绕方式"选项区域中选择"衬于文字下方"环绕方式，如图2-90所示。

步骤6：设置图片的大小。切换至"大小"选项卡，分别设置图片的"高度"和"宽度"值，如图2-91所示。

图2-90

图2-91

步骤7：在封面中插入企业Logo。同样的方法，在文档中插入企业Logo图片，并设置Logo图片的环绕方式为"浮于文字上方"，并将Logo图片移动到合适的位置，如图2-92所示。

步骤8：插入文本框。在"插入"选项卡下的"文本"选项组中，单击"文本框"下三角按钮，选择需要的文本框样式，如图2-93所示。

图2-92

图2-93

步骤9：输入封面文字。在插入的文本框中根据需要输入企业年终工作总结封面文字，如图2-94所示。

步骤10：设置文本框格式。选中插入的文本框，切换至"开始"选项卡，在"字体"选项组中对文本字体格式进行设置。然后切换至"绘图工具-格式"选项卡下，单击"形状样式"，选项组中的"形状轮廓"下三角按钮，选择"无轮廓"选项，如图2-95所示。

图2-94

图2-95

步骤11：设置文本框填充颜色。单击"形状填充"下三角按钮，在下拉列表中选择"无填充颜色"选项，设置文本框的填充效果，如图2-96所示。

步骤12：查看文档中添加的封面效果。同样的方法，插入其他文本框。然后选择"文件>打印"选项，在打开的打印面板中预览文档封面的设计效果，如图2-97所示。

图2-96

图2-97

2.3.4 插入并编辑目录

企业年终工作总结文档创建完成后，为了便于阅读，可以为文档添加索引目录，使文档的结构更加清晰。

（1）插入目录

步骤1：插入空白页。将光标定位在文档标题文本前面，在"插入"选项卡下，单击"页面"选项组中的"空白页"按钮，如图2-98所示。

步骤2：选择目录样式。在插入的空白页中，切换至"引用"选项卡，单击"目录"下三角按钮，在下拉列表中选择内置的目录样式，如图2-99所示。

图2-98

图2-99

步骤3： 查看插入的目录效果。这是在文档中插入选择的目录样式，如图2-100所示。

步骤4： 打开"目录"对话框。若对插入的目录样式不满意，可以自定义目录样式。单击"目录"下三角按钮，在下拉列表中选择"自定义目录"选项，如图2-101所示。

图2-100

图2-101

步骤5： 自定义目录样式。在打开的"目录"对话框中，切换至"目录"选项卡，根据需要设置所需的目录样式，如图2-102所示。

知识点拨： 删除目录

要删除目录，则先选中整个目录，然后按下Backspace键或Delete键进行删除。

图2-102

（2）目录更新

在编辑或修改文档后，若文档内容或格式发生了变化，则需要更新目录。

步骤1：单击"更新目录"按钮。选中目录后，单击目录左上角的"更新目录"按钮，如图2-103所示。

步骤2：选择更新目录选项。打开"更新目录"对话框，其中包括"只更新页码"和"更新整个目录"两个选项，根据需要的选项，单击"确定"按钮即可对目录进行更新，如图2-104所示。

图2-103

图2-104

2.3.5 插入页眉和页脚

为了让文档整体效果更具专业水准，企业年终工作总结文档创建完成后，还可以为文档添加页眉页脚等元素。

（1）插入页眉

步骤1：设置页眉对齐方式。打开企业年终工作总结文档，在文档第二页页眉处双击，进入页眉编辑模式，单击"开始"选项卡下的"左对齐"按钮，如图2-105所示。

步骤2：打开"插入图片"对话框。在"页眉和页脚工具-设计"选项卡，单击"插入"选项组中的"图片"按钮，如图2-106所示。

图2-105

图2-106

步骤3：选择图片。在打开的对话框中，选择要插入的图片，单击"插入"按钮，如图2-107所示。

步骤4：设置图片的环绕方式。选中插入页眉中的图片，单击图片右上角的"布局选项"按钮，选择"衬于文字下方"选项，如图2-108所示。

图2-107

图2-108

步骤5：查看效果。这时可以看到，企业Logo图片已经作为页眉插入到页面的左上角，单击"关闭页眉和页脚"按钮，退出页眉编辑模式，如图2-109所示。

知识点拨： 在文档中插入页脚

在文档中插入页脚的方式和页眉相同，切换至"插入"选项卡，单击"页眉和页脚"选项组中的"页脚"下三角按钮，选择所需的页脚样式即可，如图2-110所示。

图2-109

图2-110

（2）编辑页眉

通常情况下，在Word中添加页眉时，都会有一条横线存在。这条横线对于很多人来说都是一个碍眼的存在，那怎么将之删除呢？具体操作步骤如下。

步骤1：打开"样式窗格选项"对话框。单击"开始"选项卡下"样式"选项组的导航窗格启动器按钮，在打开的"样式"导航窗格中单击"选项"超链接，如图2-111所示。

步骤2：选择显示所有样式。在打开的对话框中，单击"选择要显示的样式"下三角按钮，在下拉列表中选择"所有样式"选项，如图2-112所示。

图2-111

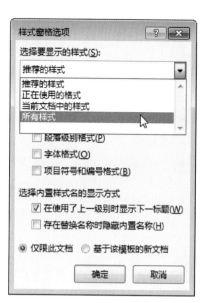

图2-112

步骤3： 打开"修改样式"对话框。单击"确定"按钮，返回文档中，单击"样式"导航窗格的下拉滚动条，选择"页眉"选项，单击其后面的下三角按钮，选择"修改"选项，如图2-113所示。

步骤4： 打开"边框和底纹"对话框。在打开的"修改样式"对话框中，单击"格式"下三角按钮，选择"边框"选项，如图2-114所示。

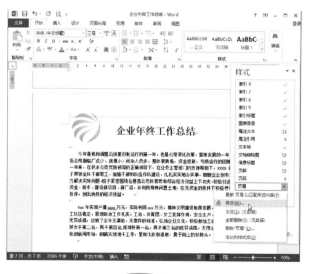

图2-113

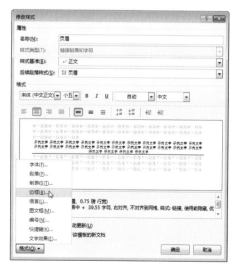

图2-114

步骤5： 设置边框效果。在打开的"边框和底纹"对话框中的"边框"选项卡下，选择"无"选项，如图2-115所示。

步骤6： 查看设置后效果。单击"确定"按钮，返回工作表中。然后选择"文件>打印"选项，在打开的"打印"选项面板中查看效果，可以看到原来页眉中的黑线消失了，如图2-116所示。

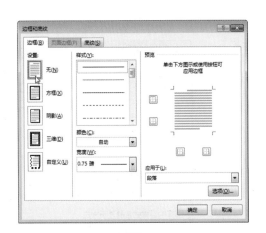

图2-115

图2-116

知识点拨： 在文档中插入题注、脚注和尾注

在编辑文档的过程中，为了使读者便于阅读和理解文档中的内容，可以在文档中插入题注、脚注和尾注，用于对文档对象进行解释说明。

切换至"引用"选项卡，在"脚注"和"题注"选项组中进行题注、脚注和尾注的插入操作，如图2-117所示。

图2-117

第3章

制作带表格的文档

 本章概述

　　在日常工作中，有时会根据文档内容的需要，插入一些表格数据，使文档更丰富、内容更明确。

　　本章将介绍如何制作表格文档，其中涉及到的操作功能包括插入表格、编辑表格、在表格中插入照片以及表格数据的基本运算等。

知识点一览

在文档中插入表格
在文档中绘制表格
设置表格格式
表格美化
绘制斜线表头
在表格中插入图片
应用表格样式

3.1　制作个人求职简历

个人简历是求职者给用人单位简单介绍自己的资料，包括个人的基本信息、特长以及工作经验等。简历的好坏直接影响应聘的效果，一张精美的个人简历可以吸引招聘者的眼球，提高关注度。

3.1.1　创建表格

在 Word 2013 中创建表格，可以通过多种方法来实现。下面详细介绍创建表格的方法。

方法1：　快速创建表格

步骤1： 插入表格。打开空白文档，并重命名，将光标定位在需要插入表格的位置，切换至"插入"选项卡，单击"表格"选项组中"表格"下三角按钮，在插入表格区域选择表格行数和列数，如图3-1所示。

步骤2： 查看效果。选择好之后，释放鼠标左键即可，则在文档中插入选择好的行和列的表格，如图3-2所示。

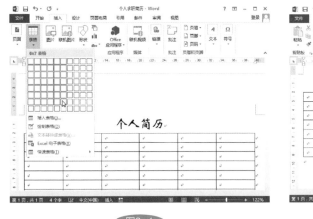

图3-1

图3-2

方法2：　插入表格

步骤1： 打开"插入表格"对话框。打开 Word 文档，将光标定位在需要插入表格的位置，切换至"插入"选项卡，单击"表格"选项组中"表格"下三角按钮，选择"插入表格"选项，如图3-3所示。

步骤2： 设置行数和列数。打开"插入表格"对话框，在"表格尺寸"区域设置行数和列数，单击"确定"按钮，即可插入表格，如图3-4所示。

方法3：　手绘表格

步骤1： 选择"绘制表格"选项。将光标定位在需要插入表格的位置，切换至"插入"选项卡，单击"表格"选项组中"表格"下三角按钮，选择"绘制表格"选项，如图3-5所示。

步骤2：绘制表格的边框。当光标变为铅笔形状时，按住鼠标左键，拖动鼠标绘制表格的边框，如图3-6所示。

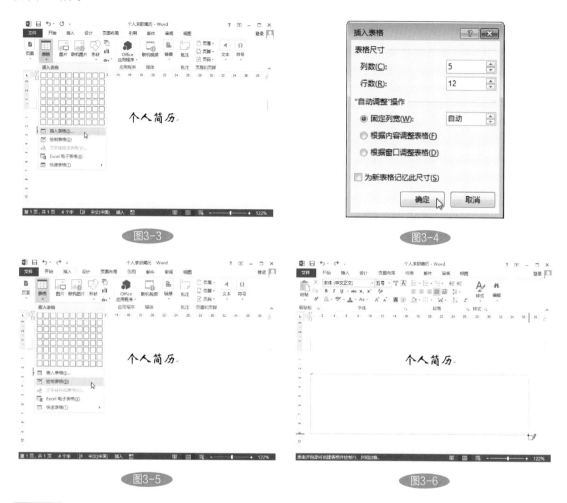

图3-3　　　　　　　　　　　　　图3-4

图3-5　　　　　　　　　　　　　图3-6

步骤3：查看绘制边框的效果。绘制作好表格边框后，释放鼠标左键，查看绘制好的表格边框以实线形式出现在文档中，如图3-7所示。

步骤4：绘制行和列。在边框内，根据需要绘制行和列，查看绘制表格的效果，如图3-8所示。

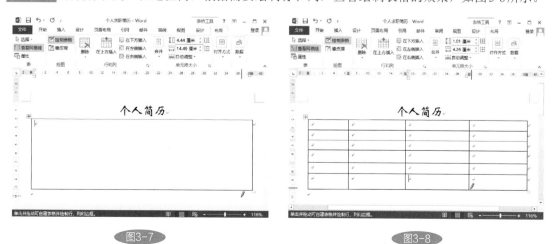

图3-7　　　　　　　　　　　　　图3-8

图3-9

方法4: 使用内置表格

步骤1: 选择内置的表格。切换至"插入"选项卡，单击"表格"选项组中"表格"下三角按钮，在下拉列表中选择"快速表格"选项，在下级列表中选择"带副标题1"表格样式，如图3-9所示。

步骤2: 查看插入内置表格的效果。返回工作表中，可见插入选中的表格，可根据需要对表格进行修改，如图3-10所示。

学院	新生	毕业生	更改
2005 年地方院校招生人数			
	本科生		
Cedar 大学	110	103	+7
Elm 学院	223	214	+9
Maple 高等专科院校	197	120	+77
Pine 学院	134	121	+13
Oak 研究所	202	210	-8
	研究生		
Cedar 大学	24	20	+4

图3-10

3.1.2 表格的基本操作

在 Word 2013 中创建完表格，可以根据实际需要对表格进行操作，包括行和列的插入、单元格的拆分和合并、行高和列宽的调整等。

（1）插入行和列

在使用 Word 表格时，经常在表格内插入行或列，插入行和列的方法一样。下面以插入行为例来介绍其方法，具体操作步骤如下。

步骤1: 插入一行。将光标移至需要插入行的最左侧，在两行之间出加号形状，只需单击该形状即可插入一行，如图3-11所示。

步骤2: 功能区插入行。选择需要插入行的位置，切换至"表格工具>布局"选项卡，单击"行和列"选项组中"在上方插入"或"在下方插入"按钮即可，如图3-12所示。

步骤3: 悬浮窗口插入行。选中某行，在弹出的悬浮窗口中单击"插入"下三角按钮，在列表中选择"在上方插入"或"在下方插入"选项即可插入行，如图3-13所示。

步骤4: 快捷菜单插入行。选中某行，单击鼠标右键，在快捷菜单中选择"插入>在下方插入行"命令，即可在下方插入一行，如图3-14所示。

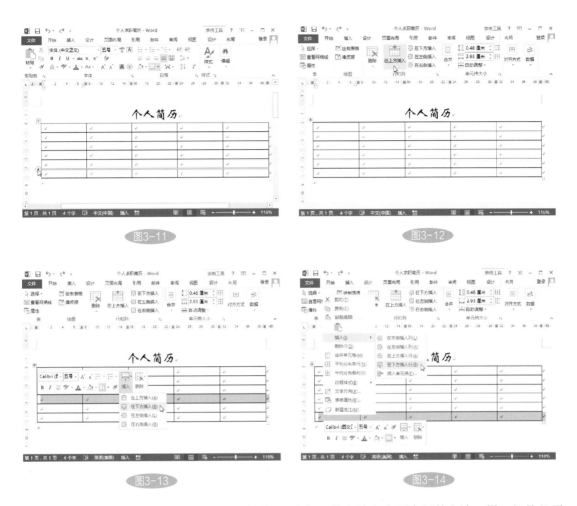

图3-11

图3-12

图3-13

图3-14

以上几种方法都是插入一行，如果需要插入多行，其方法和上面介绍的方法一样，但是必须先选中多行，然后再执行以上方法即可，如图3-15所示。插入列的方法和插入行的方法完全一致，若插入多列，选中多列，然后执行插入列即可，如图3-16所示。

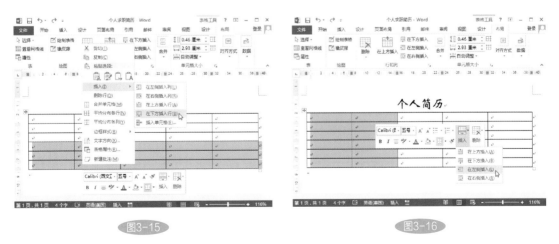

图3-15

图3-16

（2）删除行或列

如果创建的表格行或列过多时，可以将整行或整列进行删除，删除行和删除列的方法一样。

下面以删除行为例介绍删除的方法，具体操作步骤如下。

步骤1：功能区删除法。将光标定位在需要删除行内，切换至"表格工具>布局"选项卡，单击"行和列"选项组中"删除"下三角按钮，选择"删除行"选项，如图3-17所示。

步骤2：悬浮窗口删除法。选中需要删除的行，弹出悬浮窗口，单击"删除"下三角按钮，在列表中选择"删除行"选项，如图3-18所示。

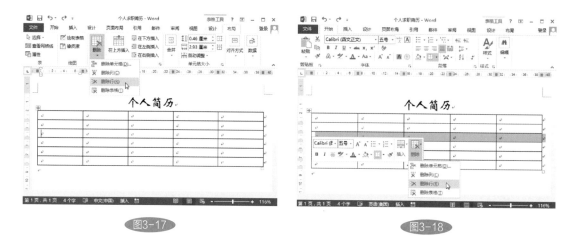

图3-17　　　　　　　　　　　图3-18

（3）合并和拆分单元格

在设计表时，有时根据需要让每行或每列的单元格的数量不同，此时可以通过合并和拆分功能来实现，具体步骤如下。

步骤1：制作表头。选中Word表格中第一行，单击鼠标右键，在快捷菜单中选择"合并单元格"命令，如图3-19所示。

步骤2：合并单元格制作照片粘贴位置。选中右侧第2行至第8行，切换至"表格工具>布局"选项卡，单击"合并"选项组中"合并单元格"按钮，如图3-20所示。

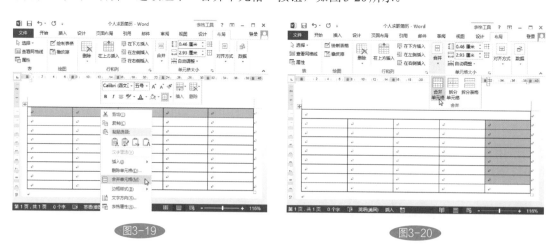

图3-19　　　　　　　　　　　图3-20

步骤3：查看合并单元格的效果。根据上述方法，将表格中所有需要合并的单元格均合并，如图3-21所示。

步骤4：拆分单元格。选中需要拆分的单元格，单击鼠标右键，在快捷菜单中选择"拆分单元格"命令，如图3-22所示。

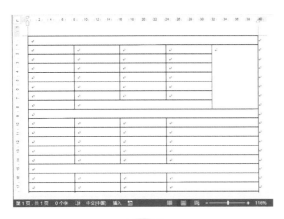

图3-21

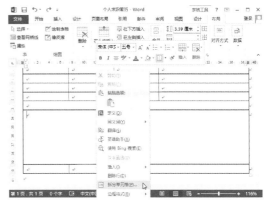

图3-22

步骤5： 设置拆分的行数和列数。打开"拆分单元格"对话框，在"列数"和"行数"的数值框内输入数字，然后单击"确定"按钮，如图3-23所示。

步骤6： 查看拆分单元格的效果。返回文档中，可见原有的单元格被拆分为2行2列的单元格了，如图3-24所示。

步骤7： 输入文字。在表格中输入相关的文字，如图3-25所示。

图3-23

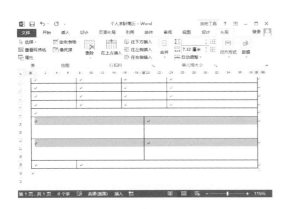

图3-24

图3-25

（4）调整行高和列宽

创建表格后，根据表格中的内容不同，对单元格的行高和列宽要求不一样，下面介绍调整行高和列宽的方法，具体操作步骤如下。

步骤1： 打开"表格属性"对话框。选择整个表格，单击鼠标右键，在快捷菜单中选择"表格属性"命令，如图3-26所示。

步骤2： 输入行高。打开"表格属性"对话框，切换至"行"选项卡，勾选"指定高度"复选框，在数值框内输入行高，单击"确定"按钮，如图3-27所示。

图3-26

步骤3： 鼠标拖曳法调整行高。将光标定位在需要调整行高的分隔线上，当光标变为向下向下双箭头时，按住鼠标左键进行拖曳，调整至合适的高度时，释放鼠标即可，如图3-28所示。

图3-27

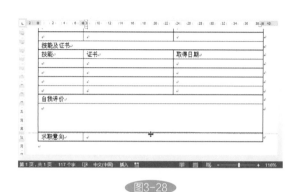

图3-28

步骤4： 调整整列的宽度。将光标定位在需要调整列宽的分隔线上，当光标变为向左向右双箭头时，按住鼠标左键，拖曳至合适位置，释放鼠标即可，如图3-29所示。

步骤5： 调整部分列宽。选中需要调整列宽单元格，将光标定位在分隔线上，鼠标拖曳法调整列宽，如图3-30所示。

图3-29

图3-30

步骤6： 查看调整行高和列宽的效果。根据上述方法调整行高和列宽，查看最终效果，如图3-31所示。

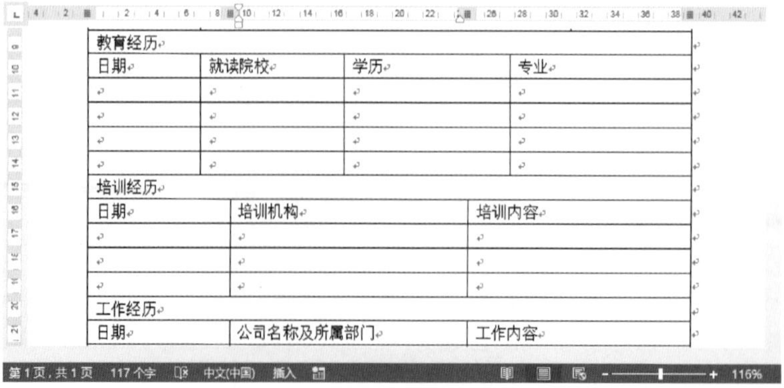

图3-31

3.1.3 美化表格

为了使简历更加吸引招聘者的眼球，可以适当地美化表格，使简历更美观。本节主要介绍设置文字格式、应用表格样式和添加图片背景等。

（1）设置文字格式和对齐方式

填写文字后，因为内容不同，所以单元格内文字参差不齐，可通过调整对齐方式使文字更整齐，还可以为文字设置格式，具体操作步骤如下。

步骤1： 设置整个表格的对齐方式。选中整个表格，切换至"表格工具>布局"选项卡，单击"对齐方式"选项组中"水平居中"按钮，即可将选中的文本设置水平居中对齐，如图3-32所示。

步骤2： 设置分散对齐。按住Ctrl键，选中部分单元格，单击"段落"选项组中"分散对齐"按钮，如图3-33所示。

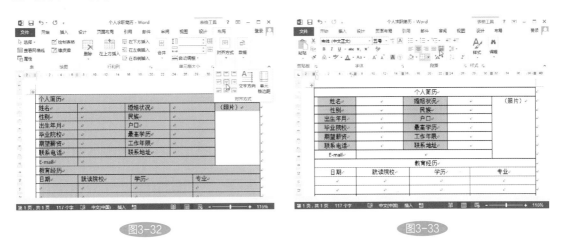

图3-32　　　　　　　　　　　图3-33

步骤3： 设置表格的表头文字格式。选择第一行中的文字，切换至"开始"选项卡，在"字体"选项组中设置文字的格式，如图3-34所示。

步骤4： 设置部分文字格式。按住Ctrl键，选中部分单元格中的文字，在"字体"选项组中设置文字格式，如图3-35所示。

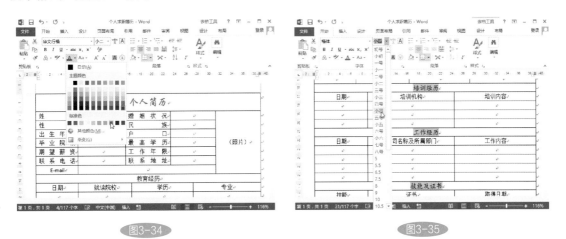

图3-34　　　　　　　　　　　图3-35

（2）应用表格样式

Word 2013内置很多表格的样式，直接套用即可，具体操作步骤如下。

步骤1：打开表格样式库。选中表格内任意单元格，切换至"表格工具>设计"选项卡，单击"表格样式"选项组中"其他"按钮，如图3-36所示。

步骤2：选择形状样式。打开表格样式库，选择合适的表格样式，如图3-37所示。

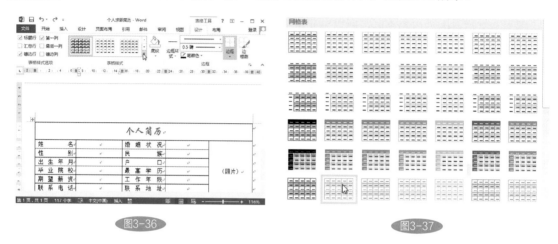

图3-36   图3-37

步骤3：查看应用表格样式的效果。返回文档中查看效果，如图3-38所示。

步骤4：自定义表格样式。选中表格，单击"表格样式"选项组中"其他"按钮，在列表中选择"新建表格样式"选项，如图3-39所示。

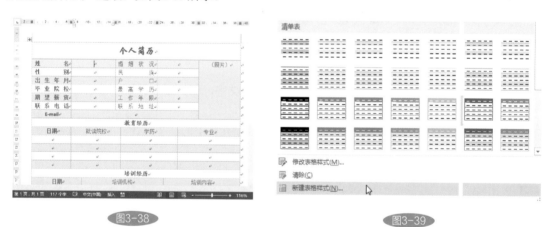

图3-38   图3-39

步骤5：设置奇条带行文字的格式。打开"根据格式设置创建新样式"对话框，在"将格式应用于"列表中选择"奇条带行"选项，分别设置字体颜色、边框颜色以及填充颜色，如图3-40所示。

步骤6：设置偶条带行文字的格式。根据以上方法设置偶条带行的格式，如图3-41所示。

步骤7：应用自定义表格样式。返回文档中，单击"表格样式"选项组中"其他"按钮，在列表中应用自定义表格样式，如图3-42所示。

步骤8：查看应用自定义表格样式。返回文档中，查看应用自定义样式后的效果，如图3-43所示。

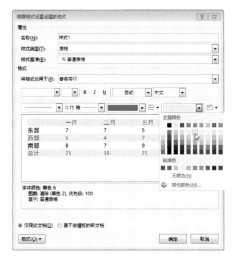

图3-40

图3-41

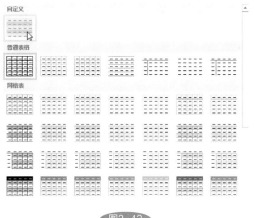

图3-42

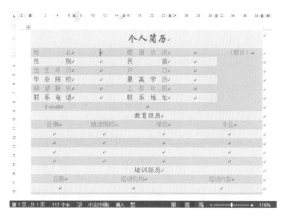

图3-43

（3）为表格添加背景图片

在Word 2013中插入背景图片的方法很多。下面介绍2种常用的方法。

方法1： **插入图片法**

步骤1： 插入图片。选中表格中任意单元格，切换至"插入"选项卡，单击"插图"选项组中"图片"按钮，如图3-44所示。

步骤2： 选择背景图片。打开"插入图片"对话框，选择背景图片，单击"插入"按钮，如图3-45所示。

步骤3： 打开"布局"对话框。选中插入的图片，单击鼠标右键，在快捷菜单中选择"大小和位置"命令，如图3-46所示。

步骤4： 设置背景图片的位置。打开"布局"对话框，切换至"文字环绕"选项卡，在"环绕方式"区域选择"衬于文字下方"，单击"确定"按钮，如图3-47所示。

图3-44

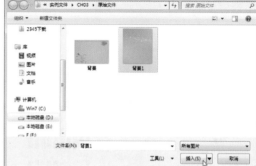

图3-45

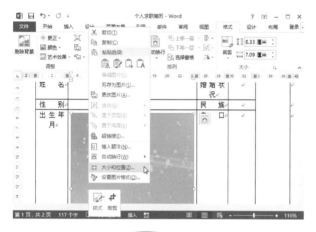

图3-46

图3-47

步骤5：调整图片大小。可见图片已经悬浮在表格下方，将光标定位在图片的控制点上调整图片大小，查看填充图片的效果，如图3-48所示。

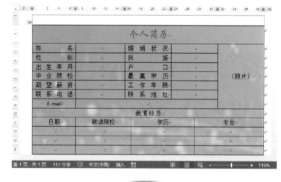

图3-48

方法2： 插入页眉法

步骤1：设置页眉。选中表格中任意单元格，切换至"插入"选项卡，单击"页眉和页脚"选项组中"页眉"下三角按钮，在列表中选择"编辑页眉"选项，如图3-49所示。

步骤2：打开"插入图片"对话框。切换至"页眉和页脚工具>设计"选项卡，单击"插入"选项组中"图片"按钮，如图3-50所示。

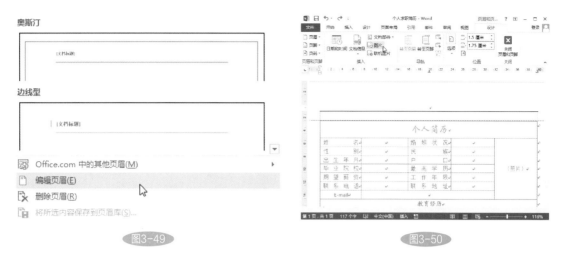

奥斯汀

边线型

Office.com 中的其他页眉(M)

编辑页眉(E)

删除页眉(R)

将所选内容保存到页眉库(S)...

图3-49

图3-50

步骤3：选择图片。打开"插入图片"对话框，选中背景图片，单击"确定"按钮，如图3-51所示。

步骤4：设置背景图片的位置和大小。根据上述方法设置图片的环绕方式，然后调整图片大小，如图3-52所示。

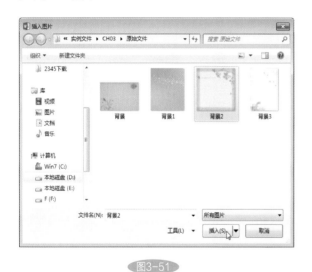

图3-51

图3-52

步骤5：退出页眉和页脚模式。切换至"页眉和页脚工具>设计"选项卡，单击"关闭"选项组中"关闭页眉和页脚"按钮，如图3-53所示。

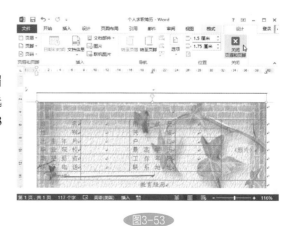

图3-53

3.1.4 设计个人照片

一张完整的个人简历需要有照片，对于对形象有要求的岗位，照片就显得格外重要了，插入照片的具体步骤如下。

步骤1：打开"插入图片"对话框。选中需要插入照片的位置，切换至"插入"选项卡，单击"插图"选项组中"图片"按钮，如图3-54所示。

步骤2：选择照片。打开"插入图片"对话框，选择头像照片，单击"插入"按钮，如图3-55所示。

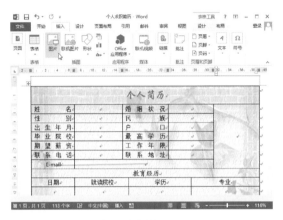

图3-54

图3-55

步骤3：打开"布局"对话框。选中插入的照片，单击鼠标右键，在快捷菜单中选择"大小和位置"命令，如图3-56所示。

步骤4：设置图片的环绕方式。打开"布局"对话框，切换至"文字环绕"选项卡，在"环绕方式"区域选择"浮于文字上方"，单击"确定"按钮，如图3-57所示。

图3-56

图3-57

步骤5：调整照片的大小和位置。照片已经悬浮在表格上方，将光标定位在照片的控制点上调整照片大小，并调整照片的位置，查看添加照片的效果，如图3-58所示。

图3-58

3.1.5　设计简历封面

如果想让自己的简历脱颖而出，一张美丽的封面是有必要的。下面介绍个人简历封面的制作以及保存封面模版。

（1）个人简历封面的设计

步骤1：插入封面图片。将光标定位在文档的首行，切换至"插入"选项卡，单击"插图"选项组中"图片"按钮，如图3-59所示。

步骤2：选择背景图片。打开"插入图片"对话框，选择封面图片，单击"确定"按钮，如图3-60所示。

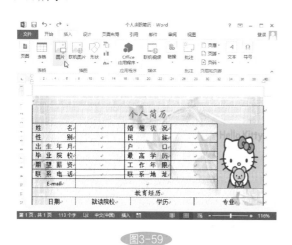

图3-59

图3-60

步骤3：设置图片环绕方式。选中图片，切换至"图片工具>格式"选项卡，单击"排列"选项组中"位置"下三角按钮，选择"顶端居左四周型文字环绕"选项，如图3-61所示。

步骤4：在图片上添加文字。调整图片使其充满整个页面，切换至"插入"选项卡，单击"文本"选项组中"文本框"下三角按钮，选择"简单文本框"选项，如图3-62所示。

步骤5：设置文字的格式。在插入的文本框中输入"个人简历"文字，选中文本，在"开始"选项卡的"字体"选项组中设置字体和字号，在"绘图工具>格式"选项卡中设置文字的艺术效果，并设置无边框，如图3-63所示。

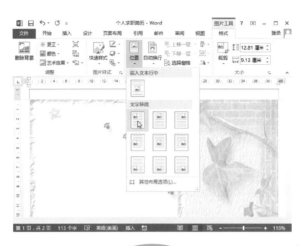

图3-61

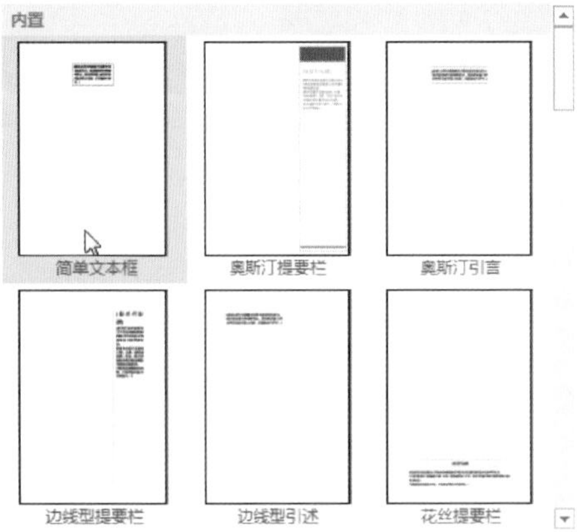

图3-62

图3-63

步骤6：输入其他文字。根据上述方法为封面添加其他文本框，并输入相关信息，设置文字的格式，调整位置等，查看简历封面的最终效果，如图3-64所示。

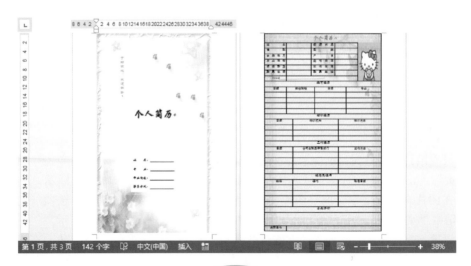

图3-64

（2）保存封面样式

简历的封面制作完成后，为了方便以后使用可以将其保存，下次直接套用即可，具体操作步骤如下。

步骤1：将封面保存为模版。选中封面，切换至"插入"选项卡，单击"页面"选项组中"封面"下三角按钮，选择"将所选内容保存至封面库"选项，如图3-65所示。

步骤2：输入封面模版的名称。打开"新建构建基块"对话框，在"名称"文本框中输入名称，单击"确定"按钮，如图3-66所示。

图3-65

图3-66

步骤3：应用模版。如果使用自定义模版，只需切换至"插入"选项卡，单击"页面"选项组中"封面"下三角按钮，选择自定义的模版即可，如图3-67所示。

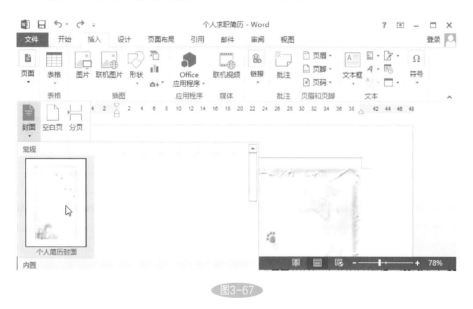

图3-67

3.2 制作企业年度费用统计表

要创建一些简单的办公报表或统计表等表格，使用Word 2013可以轻松完成。在文档中插入表格后，还可以进行一些简单的计算，下面以制作企业年度费用统计表为例进行介绍。

3.2.1 创建表格

在 Word 2013 中，不仅可以在文档中插入表格、绘制表格，还可以导入 Excel 中的表格，下面介绍绘制表格和插入表格的操作方法。

（1）绘制表格

步骤1：启用绘制表格功能。新建空白文档并命名为"企业年度费用统计表"，切换至"插入"选项卡，单击"表格"下三角按钮，选择"绘制表格"选项，如图3-68所示。

步骤2：绘制表格。这时可以看到光标呈铅笔形状，按住鼠标左键不放，拖拽光标进行表格的绘制，如图3-69所示。

步骤3：退出绘制表格模式。表格绘制完成

图3-68

后，单击"表格工具-布局"选项卡下的"绘制表格"按钮，退出表格绘制模式，效果如图3-70所示。

图3-69

图3-70

（2）编辑表格

在文档中绘制表格后，可以对绘制的表格进行编辑操作，具体操作步骤如下。

步骤1：设置表格行高。选中表格各行后，切换至"表格工具-布局"选项卡，在"单元格大小"选项组的"表格行高"数值框中设置合适的表格行高，如图3-71所示。

步骤2：均匀分布列宽。选中表格各列，单击"单元格大小"选项组的"分布列"按钮，均匀分布所选列宽度，如图3-72所示。

步骤3：输入表格内容。根据需要，在表格中输入需要的文本内容，如图3-73所示。

步骤4：打开"表格属性"对话框。在选中表格后，在"开始"选项卡下的"段落"选项组中设置文本对齐方式。也可以选中表格并右击，选择"表格属性"命令，如图3-74所示。

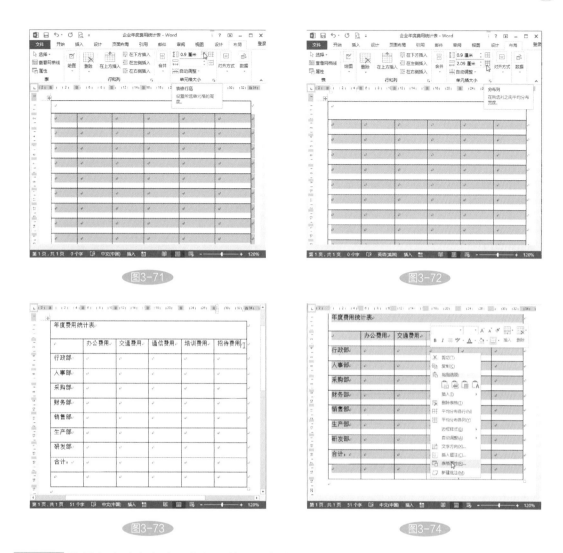

图3-71

图3-72

图3-73

图3-74

步骤5: 设置文本对齐方式。在打开的对话框中，切换至"单元格"选项卡，在"垂直对齐方式"选项区域中设置表格单元格文本对齐方式，如图3-75所示。

步骤6: 删除表格中的行。选中要删除的行并右击，在弹出的快捷菜单中选择"删除行"命令，如图3-76所示。

图3-75

图3-76

步骤7：插入列。选择要插入列左面的列并右击，选择"插入>在右侧插入列"命令，如图3-77所示。

步骤8：合并单元格。选择要合并的单元格并右击，在弹出的快捷菜单中选择"合并单元格"命令，如图3-78所示。

步骤9：设置单元格格式。对表头文本字号进行设置后，切换至"表格工具-设计"选项卡，单击"底纹"下三角按钮，选择合适的底纹颜色，如图3-79所示。

图3-77

图3-78

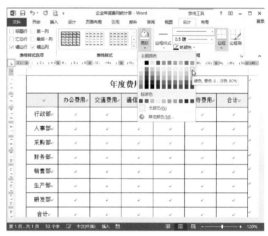

图3-79

3.2.2 制作斜线表头

在Word 2013中，还可以在表格中绘制斜线表头，以满足不同的表格绘制需要，具体操作步骤如下。

步骤1：手动调整行高。将光标放在表格分割线上，按住鼠标左键不放并拖动，调整表格行高，如图3-80所示。

步骤2：手动调整列宽。将光标放在表格分割线上，按住鼠标左键不放并拖动，调整表格列宽，如图3-81所示。

步骤3：绘制斜线表头。选中要插入斜线表头的单元格，切换至"表格工具-设计"选项卡，单击"边框"下三角按钮，选择"斜下框线"选项，如图3-82所示。

步骤4：打开"表格属性"对话框。将光标置于插入斜线的单元格并右击，选择"表格属性"命令，如图3-83所示。

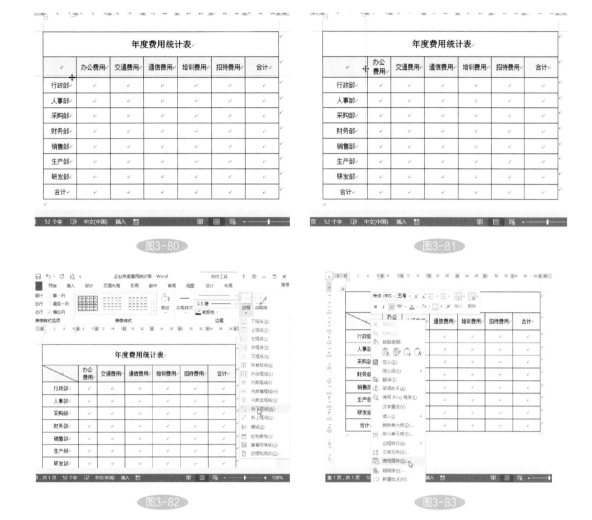

图3-80

图3-81

图3-82

图3-83

步骤5： 设置文本对齐方式。在打开的对话框中，切换至"单元格"选项卡，在"垂直对齐方式"选项区域中设置表格单元格文本对齐方式，如图3-84所示。

步骤6： 输入表格文本。单击"确定"按钮，返回文档中，可以看到表格单元格已经设置为上对齐，输入所需文本，如图3-85所示。

图3-84

图3-85

步骤7：查看斜线表头效果。按下Enter键，继续输入所需文本，效果如图3-86所示。

3.2.3 输入数据并执行计算

在Word 2013中，还可以应用函数进行一些简单的计算，具体方法如下。

步骤1：打开"公式"对话框。将光标定位到要显示计算结果的单元格，切换至"表格工具-布局"选项卡，单击"数据"选项组中的"公式"按钮，如图3-87所示。

步骤2：SUM函数求和。在"公式"对话框中，系统默认的公式为求和公式，此时，单击"确定"按钮，如图3-88所示。

图3-86

步骤3：显示计算结果。返回文档中，可以看到在结果单元格中显示了求和结果值，如图3-89所示。

步骤4：计算其他合计值。同样的方法计算出其他的求和值，结果如图3-90所示。

图3-87

图3-88

图3-89

图3-90

3.2.4 创建Excel表格

在Word 2013中，可以将Excel中的数据复制或链接到Word中，也可以在Word中插入Excel电子表格。

（1）复制Excel表格数据到Word文档中

步骤1：复制Excel表格数据。选择需要复制的Excel单元格区域，单击"复制"按钮或按下Ctrl+C快捷键，如图3-91所示。

步骤2：打开"选择性粘贴"对话框。在Word文档中，单击"剪贴板"选项组中的"粘贴"下三角按钮，选择"选择性粘贴"选项，如图3-92所示。

图3-91

图3-92

步骤3：选择粘贴形式。在打开的对话框中，选择所需的粘贴形式，如图3-93所示。

步骤4：查看复制效果。单击"确定"按钮，返回文档中，查看选择"HTML格式"的粘贴效果，如图3-94所示。

图3-93

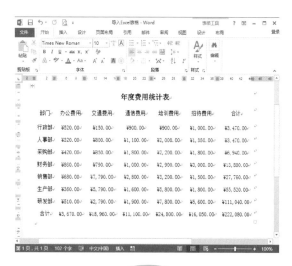

图3-94

（2）在Word中插入电子表格

步骤1： 插入电子表格。打开文档后，切换至"插入"选项卡，单击"表格"下三角按钮，选择
"Excel电子表格"选项，如图3-95所示。

步骤2： 查看效果。在Word中插入电子表格后，如果不被激活，则只显示为表格，双击激活后，
Word功能区将变为Excel的功能区，进行相应的表格编辑即可，如图3-96所示。

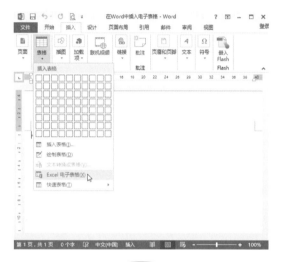

图3-95

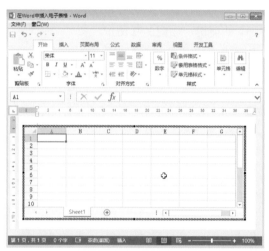

图3-96

第4章

创建常用的数据表

 **本章概述**

 前几章介绍了Word的应用，下面将介绍Office的重要组成部分Excel，Excel经过多次的升级改进，Excel 2013的数据处理功能变得更强大丰富。应用Excel会让数据管理变得更简单有序，数据的分析处理和展示输出也将变得更直观。

 本章将介绍Excel工作表的基础知识，如创建工作表的方法、输入各种类型的数据、套用表格格式、输入数据的技巧等。

 **知识点一览**

创建工作表

输入文本型数据

输入数值型和货币型数据

套用表格格式

自定义表格格式

输入有规律的数据

输入重组数据

设置字体格式

套用单元格样式

修改单元格样式

4.1 创建物品领用统计表

在日常工作中常常需要对库存物品进行管理，那么如何快捷准确地记录所管理物品被领用状况以及剩余状况呢，往往需要建立物品领用统计表。本节将重点介绍物品领用统计表的建立。

4.1.1 创建工作表

工作簿是由一个个工作表组成，所以想要创建工作表首先要创建一个空白工作簿，下面将介绍工作簿的创建方法。

（1）从任务栏中创建工作簿

步骤1： 将Excel锁定到任务栏。单击桌面左下角的"开始"按钮，在打开的列表中选择"所有程序>Microsoft Office2013>Excel 2013"选项并右击，在打开的快捷菜单中选择"锁定到任务栏"命令，如图4-1所示。

步骤2： 查看效果。在桌面左下角显示了Excel 2013的图标，效果如图4-2所示。

图4-1

图4-2

步骤3： 查看创建的工作簿。单击任务栏中Excel 2013图标，在打开的开始面板中选择"空白工作簿"选项，系统将自动创建一个带有空白工作表Sheet1的工作簿，如图4-3所示。

知识点拨： 其他创建工作簿的方法

方法1：在计算机桌面或文件夹空白处单击鼠标右键，在打开的快捷菜单中选择"新建>Microsoft Excel工作表"命令，即可创建一个名为"新建Microsoft Excel工作表"工作簿，双击

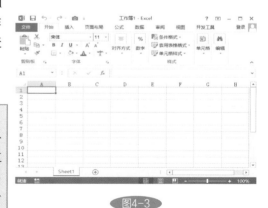

图4-3

即可打开空白工作簿。

　　方法2：单击桌面左下角的"开始"按钮，选择"所有程序>Microsoft Office2013>Excel 2013"选项，在打开Excel 2013开始屏幕中选择"空白工作簿"选项即可。

（2）插入工作表

　　创建新工作簿时，Excel 2013默认显示一个工作表，但在实际工作中一个工作表往往不能满足需求，这时候就需要插入新的工作表，具体操作步骤如下。

方法1： **单击"新工作表"按钮创建**

步骤1： 打开工作簿。打开需要新建工作表的工作簿，单击界面下面的"新工作表"按钮，如图4-4所示。

步骤2： 查看效果。创建名为Sheet2的新工作表，如图4-5所示。

图4-4

图4-5

方法2： **在对话框中创建**

　　在现实工作中常常需要在某个工作表的前面或者后面添加工作表，此时用上述的方法没办法实现，这时可以采用从对话框中创建的方法，具体操作步骤如下。

步骤1： 打开右键快捷菜单。打开工作簿后，右击选中的工作表标签，在弹出的快捷菜单中选择"插入"命令，如图4-6所示。

步骤2： 打开"插入"对话框。在弹出的"插入"对话框中选择"常用"选项卡中的"工作表"选项，如图4-7所示。

图4-6

图4-7

步骤3： 查看插入的工作表。单击"确定"按钮，返回工作表中，可以看到在Sheet1工作表前面插入的Sheet3新工作表，如图4-8所示。

图4-8

（3）重命名工作表

创建工作表后系统是Sheet1、Sheet2、Sheet3……来命名的，这样很难分辨出工作表中的内容，因此需要为工作表重命名，以显示此工作表的内容信息，具体操作步骤如下。

步骤1： 选择"重命名"选项。打开工作簿后，选中需要重命名的工作表标签，单击鼠标右键，在弹出的快捷菜单中选择"重命名"命令，如图4-9所示。

步骤2： 输入工作表的名称。此时工作表的标签处于可编辑状态，然后输入工作表名称，按Enter键确认输入即可，如图4-10所示。

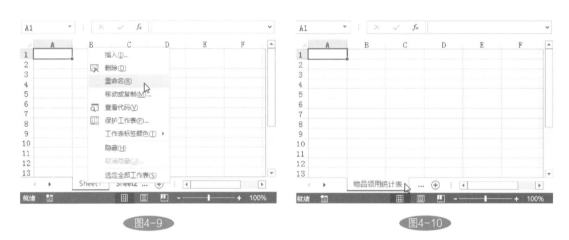

图4-9   图4-10

除了上述方法外，还可以选中工作表标签，然后双击该标签，进入可编辑状态，输入名称后按Enter键即可完成。在同一工作簿中工作表的名称是不可以重复的，但可以和工作簿重名。

（4）移动或复制工作表

工作表创建完成后，可以根据需要在同一工作簿中移动，也可以将工作表移动到其他工作簿中。下面介绍移动和复制工作表的方法。

方法1： **鼠标拖曳法**

步骤1： 在同一个工作簿中移动工作表。打开工作簿后，选中需要移动的工作表标签，按住鼠标左键进行拖动，此时光标显示出文档的图标，而且还有黑色倒三角形表示将工作表移到的位置，当黑色三角形移至合适的位置时，释放鼠标左键，如图4-11所示。

步骤2： 查看移动工作表后的效果。返回工作表中，查看将"物品领用统计表"移至Sheet2后的效果，如图4-12所示。

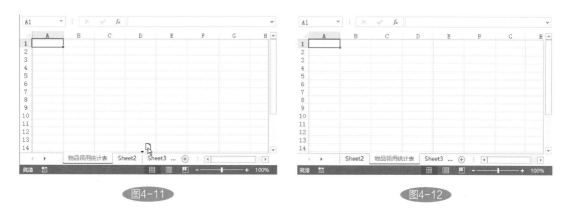

图4-11　　　　　　　　　　　　　图4-12

步骤3：移动并复制工作表。选中工作表标签，按住鼠标左键进行拖动，同时按Ctrl键，拖曳至合适的位置时，释放鼠标左键，如图4-13所示。

步骤4：查看移动并复制工作表后的效果。返回工作表中，查看将"物品领用统计表"移动并复制在Sheet2后的效果，如图4-14所示。

图4-13　　　　　　　　　　　　　图4-14

方法2：　使用"移动或复制工作表"命令

步骤1：打开"移动或复制工作表"对话框。选中工作表标签，切换至"开始"选项卡，单击"单元格"选项组中"格式"下三角按钮，在列表中选择"移动或复制工作表"选项，如图4-15所示。

步骤2：设置将工作表移动复制的位置。打开"移动或复制工作表"对话框，在"工作簿"列表中选择"新工作簿"选项，勾选"建立副本"复选框，如图4-16所示。

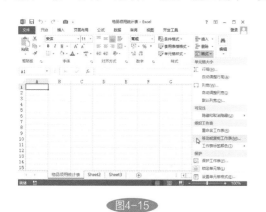

图4-15

图4-16

知识点拨： 移动或复制工作表的方法

除了在功能区设置移动或复制工作表外，还可以选中工作表标签，单击鼠标右键，在快捷菜单中选择"移动或复制"命令，打开"移动或复制工作表"对话框，若不勾选"建立副本"复选框，只移动工作表，若勾选则移动并复制工作表。

步骤3： 查看移动复制工作表的结果。可见打开"工作簿1"并包含"物品领用统计表"工作表，如图4-17所示。

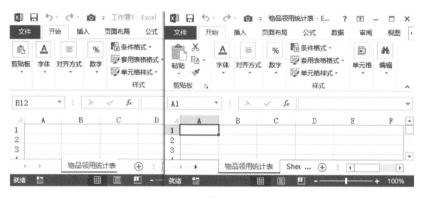

图4-17

（5）删除工作表

可以将空白的工作表或是不需要的工作表删除，减少存储的空间，具体操作步骤如下。

步骤1： 快捷菜单删除工作表。选中工作表标签，单击鼠标右键，在快捷菜单中选择"删除"命令，如图4-18所示。

步骤2： 确认删除工作表。打开系统提示对话框，单击"删除"按钮，即可将工作表删除，如图4-19所示。

图4-18

图4-19

注意事项： 删除工作表的规则

工作簿中至少包含一张工作表，在删除工作表时，如果工作簿中只有一张工作表，无法删除唯一的工作表。删除工作表是永久删除，是不能撤销删除操作的，所以删除工作表时一定要特别谨慎。

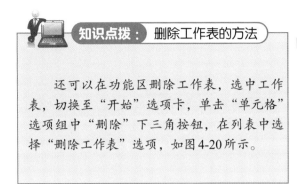

还可以在功能区删除工作表，选中工作表，切换至"开始"选项卡，单击"单元格"选项组中"删除"下三角按钮，在列表中选择"删除工作表"选项，如图4-20所示。

图4-20

4.1.2 添加表格内容

数据是表格的重要组成部分，在表格中输入的数据类型很多，有文本、数值和货币等。下面以创建物品领用表为例，学习添加表格内容。

（1）输入文本型数据

文本型数据一般包括汉字、英文字母等，阿拉伯数字也可以作为文本型数据，但在输入之前必须要简单设置单元格的格式，具体操作步骤如下。

步骤1：输入表格标题。打开"物品领用统计表"工作表，选中A1单元格，然后直接输入"物品领用统计表"文本，如图4-21所示。

步骤2：输入表头内容。选中A2单元格，然后再选中编辑栏，在编辑栏中输入"序号"文本，如图4-22所示。

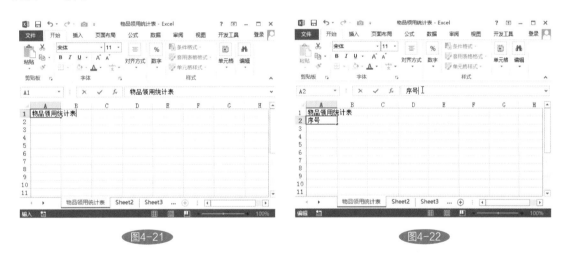

图4-21   图4-22

步骤3：输入数字。根据上述方法完成表格框架制作，然后选中F2单元格，输入文件的编号，如201661912345678，可见在单元格中显示科学计数法，在编辑栏显示输入的数字，如图4-23所示。

步骤4：打开"设置单元格格式"对话框。选中F2单元格，单击鼠标右键，在快捷菜单中选择"设置单元格格式"命令，如图4-24所示。

步骤5：设置单元格格式为文本。打开"设置单元格格式"对话框，在"数字"选项卡中选择"文本"格式，然后单击"确定"按钮，如图4-25所示。

步骤6：输入数字然后查看效果。选中F2单元格，输入编号，可见在工作表中显示完整的数字，如图4-26所示。

图4-23

图4-24

图4-25

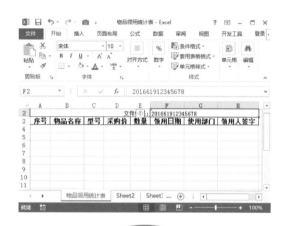

图4-26

知识点拨： 快速输入文本型数字

需要将数字以文本形式显示，可以先输入"'"，即英文状态下的单引号，然后再输入数字，即以文本形式显示。

（2）输入数值型和货币型数据

对于从事财务方面工作的读者而言，数值型和货币型数据是经常使用的。数值型和货币型的数据默认是右对齐的，具体操作步骤如下。

步骤1： 输入物品的单价。打开"物品领用统计表"工作表，在D4:D19单元格区域输入价格，如图4-27所示。

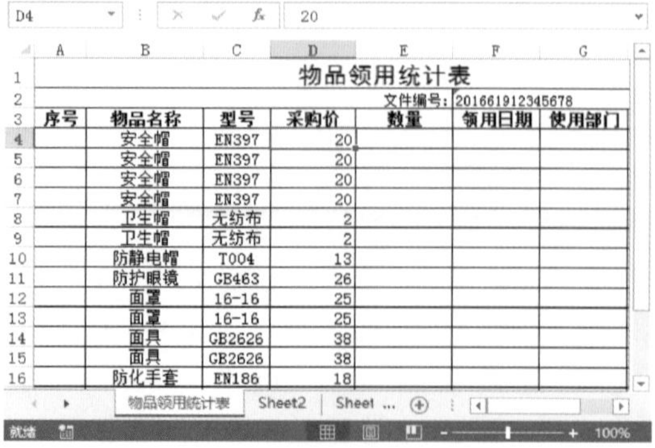

步骤2： 设置单元格格式为货币。选中单元格区域，切换至"开始"选项卡，单击"数字"选项组中"数字格式"下三角按钮，在列表中选择

序号	物品名称	型号	采购价	数量	领用日期	使用部门
	安全帽	EN397	20			
	安全帽	EN397	20			
	安全帽	EN397	20			
	安全帽	EN397	20			
	卫生帽	无纺布	2			
	卫生帽	无纺布	2			
	防静电帽	T004	13			
	防护眼镜	GB463	26			
	面罩	16-16	25			
	面罩	16-16	25			
	面具	GB2626	38			
	面具	GB2626	38			
	防化手套	EN186	18			

图4-27

"货币"格式，如图4-28所示。

步骤3：输入领用物品的数量。在E4:E19单元格区域输入物品的数量，然后选中该单元格区域，单击鼠标右键，在快捷菜单中选择"设置单元格格式"命令，如图4-29所示。

图4-28

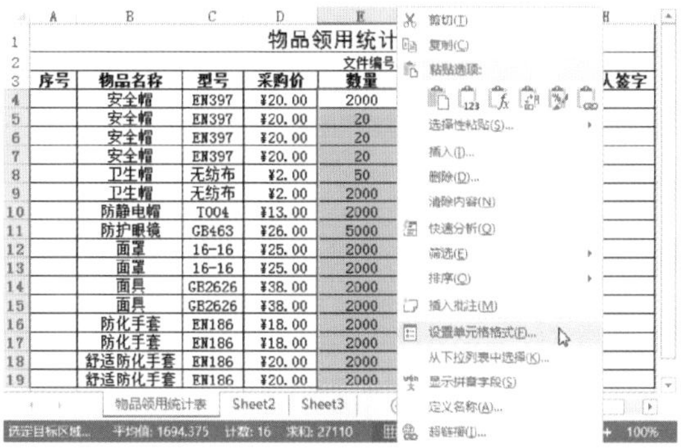

图4-29

步骤4：设置单元格格式为数值。打开"设置单元格格式"对话框，在"数字"选项卡中选择"数值"格式，设置保留2位小数，单击"确定"按钮，如图4-30所示。

步骤5：查看最终效果。返回工作表中，查看输入货币型和数值型数据的效果，如图4-31所示。

图4-30

图4-31

（3）输入日期型数据

日期是特殊的数值类型，可以用"/"或"-"来分隔日期中年、月、日部分，如果只输入月份和日期时，Excel会自动以系统当年年份作为该年份，具体操作步骤如下。

步骤1：输入日期。打开"物品领用统计表"工作表，在F4单元格输入"5月3日"，如图4-32所示。

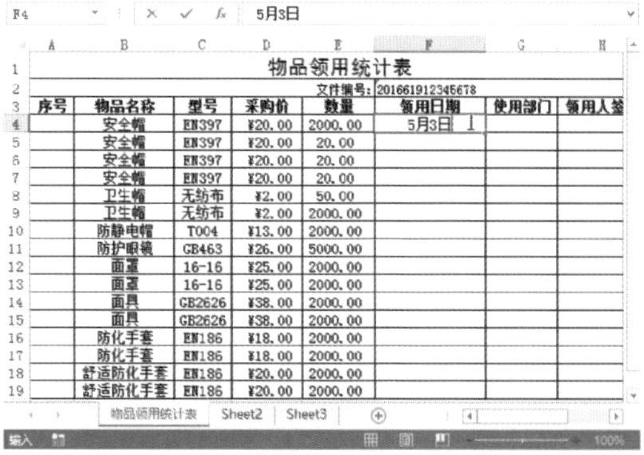

步骤2：查看输入日期的效果。按Enter键确认输入，在单元格中显示"2016年5月3日"，在编辑栏中显示"2016/5/3"，而不是输入的"5月

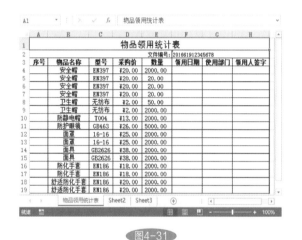

图4-32

3日",如图4-33所示。

步骤3：打开"设置单元格格式"对话框。选中F4:F19单元格区域，按Ctrl+1组合键，即可打开"设置单元格格式"对话框，选择"日期"格式，在"类型"区域选择日期格式，然后单击"确定"按钮，如图4-34所示。

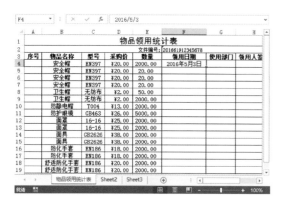

图4-33

图4-34

步骤4：查看输入日期的效果。在F4:F19单元格区域输入日期，返回工作表中查看日期的效果，如图4-35所示。

图4-35

知识点拨： **快速输入日期和时间**

可以应用快捷键来输入当前的时间和日期。按下快捷键"Ctrl+；"，即可快速输入当前的日期；按下快捷键"Ctrl+Shift+；"，即可快速输入当前的时间。

也可以使用函数输入当前电脑系统的时间。选中单元格输入"=TODAY()"公式即可输入当前日期；若输入"=NOW()"公式即可输入当前的日期和时间。

（4）输入以0开头的数据

某些序号或订单编号一般是以0开头的，若直接在单元格中输入，刚开头的0将不显示，可以通过以下几种方法实现。

方法1： 以文本型数据输入

步骤1： 在数字前输入""。打开"物品领用统计表"工作表，在A4单元格输入"'001"，如图4-36所示。

步骤2： 查看输入效果。按Enter键确认输入，在单元格中显示"001"，在编辑栏中显示"'001"，如图4-37所示。

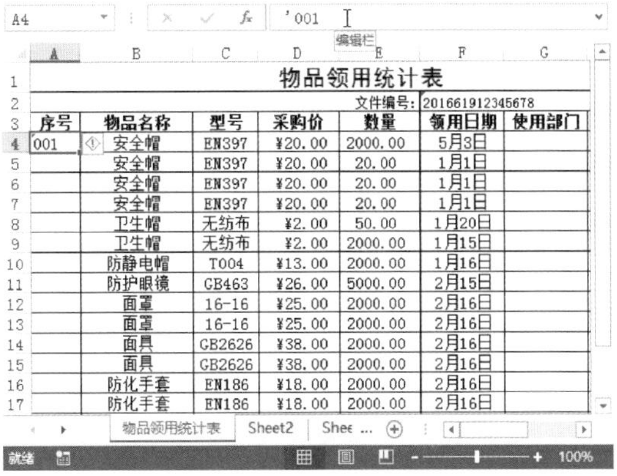

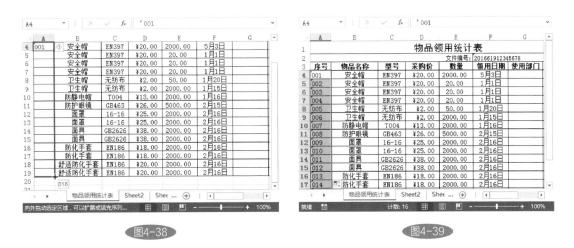

图4-36　　　　　　　　　　　图4-37

步骤3： 向下填充数据。选中A4单元格，将光标移至单元格的右下角，变为黑色十字时向下拖动至A19单元格，释放鼠标即可，如图4-38所示。

步骤4： 查看填充的效果。返回工作表中，数字会按序列进行填充，为文本格式，靠左对齐，如图4-39所示。

图4-38　　　　　　　　　　　图4-39

方法2： 设置自定义格式

步骤1： 打开"设置单元格格式"对话框。打开"物品领用统计表"工作表，选中A4:A19单元格区域，切换至"开始"选项卡，单击"数字"选项组的对话框启动按钮，如图4-40所示。

步骤2： 设置自定义的格式。打开"设置单元格格式"对话框，在"分类"区域选择"自定义"格式，在"类型"文本框中输入000，单击"确定"按钮，如图4-41所示。

图4-40

图4-41

步骤3：输入数字。选中A4单元格，然后输入1，按Enter键确认输入，在单元格中显示001，而在编辑栏中显示1，如图4-42所示。

步骤4：查看最终效果。按照之前的方法，向下填充数据至A19单元格，返回工作表中，查看效果，如图4-43所示。

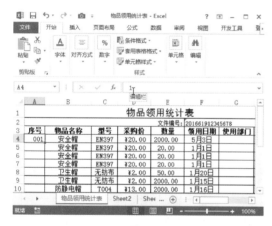

图4-42

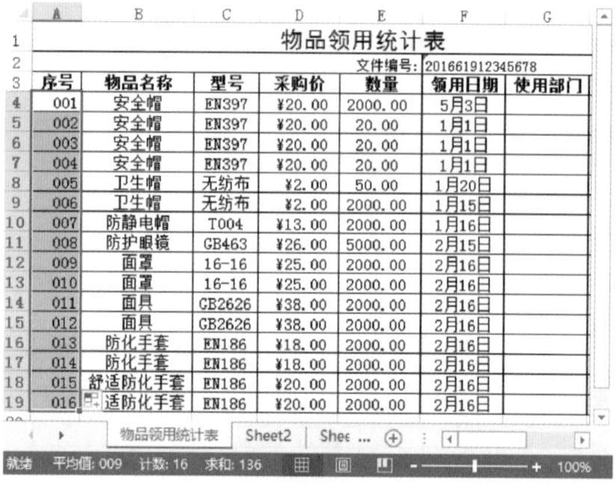

图4-43

注意事项：设置数据的位数

　　在此案例中的"类型"文本框中输入000，即设置是3位，在设置后的单元格中输入1、01、001结果都显示001，若在"类型"文本框中输入"@"，单元格中输入几位数最终显示几位，如输入01、001、0001则显示输入的内容。

（5）输入特殊的符号

　　在Excel的"符号"对话框中，通过选择不同的"字体""子集"和"进制"，几乎可以找到任何计算机上使用的字符或符号。下面介绍插入这些特殊字符的操作方法。

步骤1：打开"符号"对话框。打开"物品领用统计表"工作表，选择需要插入符号的位置，如

B4单元格内，切换至"插入"选项卡，单击"符号"选项组中的"符号"按钮，如图4-44所示。

步骤2：插入特殊的符号。打开"符号"对话框，选择需要的符号，单击"插入"按钮，如图4-45所示。

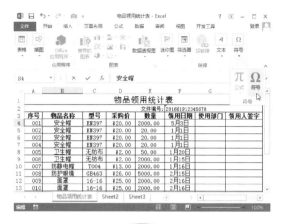

图4-44

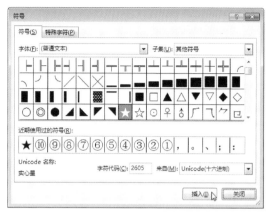

图4-45

步骤3：设置特殊符号的格式。选中插入的符号在悬浮窗口设置符号的字号和颜色，如图4-46所示。

步骤4：查看插入特殊符号后的效果。返回工作表中，查看最终效果，如图4-47所示。

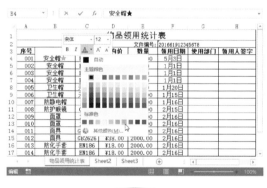

图4-46

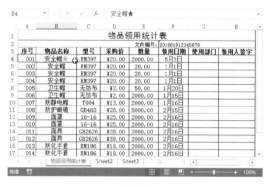

图4-47

知识点拨：插入图形字符

在"符号"对话框中，单击"字体"下三角按钮，选择Wingdings选项，其中包括3个长列的字体，可选择很多可爱的图形字符，如图4-48所示。

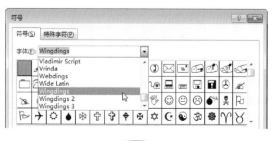

图4-48

4.1.3 设置表格格式

在工作表中输入表格内容后，还可以应用表格的样式使其更美观。Excel 提供 60 多种表格样式，也可以根据个人爱好自定义表格的样式。

（1）套用表格样式

Excel 预置了 60 多种常用的表格格式，可以套用这些格式，美化表格，具体操作步骤如下。

步骤 1：选择设置单元格格式。打开"物品领用统计表"工作簿，选中 A3:H19 单元格区域，切换至"开始"选项卡，单击"样式"选项组中的"套用表格格式"下三角按钮，如图 4-49 所示。

步骤 2：选择表格的样式。打开表格样式库，选择合适的样式，此处选择"表样式中等深 7"格式，如图 4-50 所示。

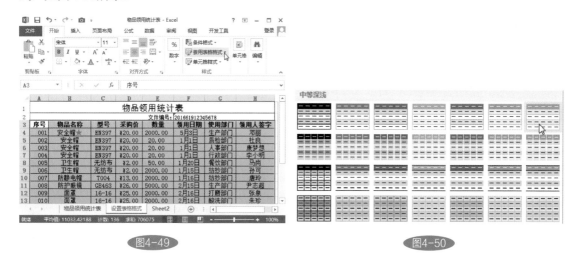

图4-49　　　　　　　　　　　　　　　图4-50

步骤 3：设置套用表格样式的范围。打开"套用表格式"对话框，保持默认状态，单击"确定"按钮，如图 4-51 所示。

步骤 4：查看套用表格样式后的效果。返回工作表中，查看套用表格样式后的效果，如图 4-52 所示。

图4-51

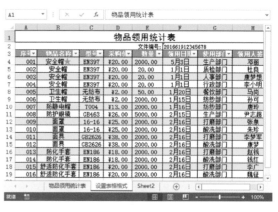

图4-52

步骤 5：转换为普通区域。每个标题右侧都有筛选下三角按钮，可以进行筛选操作。可以将其转换为普通模式，切换至"表格工具>设计"选项卡，单击"工具"选项组中的"转换为区域"按钮，如图4-53所示。

步骤6：查看转换后的效果。弹出提示对话框，单击"是"按钮，返回工作表中，查看转换为区域的效果，如图4-54所示。

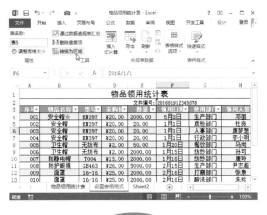

图4-53

图4-54

（2）自定义表格样式

可以根据自己的喜好设置表格的格式，然后再应用自定义格式即可，具体操作步骤如下。

步骤1：打开"新建表样式"对话框。打开"物品领用统计表"工作簿，切换至"开始"选项卡，单击"样式"选项组中"套用表格格式"下三角按钮，在下拉列表中选择"新建表样式"选项，如图4-55所示。

步骤2：选择表元素。弹出"新建表样式"对话框，在"名称"文本框中输入名称，在"表元素"区域选择"第一行条纹"选项，单击"格式"按钮，如图4-56所示。

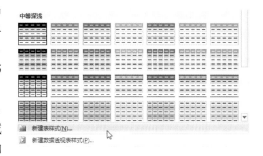

图4-55

步骤3：设置第一行条纹格式。打开"设置单元格格式"对话框，在"填充"选项卡中设置填充颜色，在"字体"选项卡中设置字体的颜色，单击"确定"按钮，如图4-57所示。

图4-56

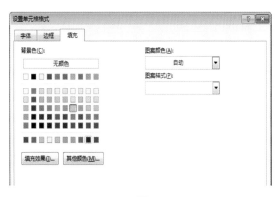

图4-57

步骤4：选择表元素。返回"新建表样式"对话框，选择"第二行条纹"选项，单击"格式"按钮，如图4-58所示。

步骤5：设置表元素的格式。打开"设置单元格格式"对话框，设置填充颜色，单击"确定"按钮，如图4-59所示。

步骤6：设置"标题行"的格式。返回"新建表样式"对话框中，按照上面同样的方法设置"标题行"的填充颜色，单击"确定"按钮，如图4-60所示。

图4-58

步骤7：应用自定义样式。返回"新建表样式"对话框中，单击"确定"按钮，单击"样式"选项组中"套用表格格式"下三角按钮，在下拉列表中的"自定义"区域选择设置的自定义样式，如图4-61所示。

步骤8：查看自定义效果。弹出"套用表格式"对话框，选择A3:H19单元格区域，勾选"表包含标题"复选框，单击"确定"按钮，返回工作表中，查看自定义表格样式的效果，如图4-62所示。

图4-59

图4-60

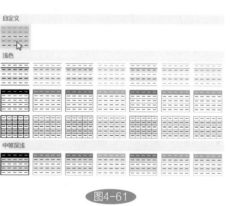

图4-61

图4-62

（3）清除表格格式

套用表格格式后，如果不再需要该格式了，可以将其清除。只需要清除表格的格式，保留表格的内容，具体操作步骤如下。

Office 常用快捷键

Word 2013 篇

组合键	功 能	组合键	功 能
Ctrl+A	全选整篇文档	Ctrl+F1	展开或折叠功能区
Ctrl+B	加粗字体	Ctrl+F2	执行"打印预览"命令
Ctrl+C	复制所选文本或对象	Ctrl+F3	剪切至"图文场"
Ctrl+I	倾斜字体	Ctrl+F4	关闭窗口
Ctrl+Q	删除段落格式	Ctrl+F6	前往下一个窗口
Ctrl+U	为字体添加下划线	Ctrl+F9	插入空域
Ctrl+V	粘贴文本或对象	Ctrl+F10	将文档窗口最大化
Ctrl+X	剪切所选文本或对象	Ctrl+F11	锁定域
Ctrl+Y	重复上一操作	Ctrl+F12	执行"打开"命令
Ctrl+Z	撤销上一操作	Ctrl+Enter	插入分页符

Excel 2013 篇

组合键	功 能
Ctrl+A	选择整个工作表
Ctrl+B	应用或取消加粗格式设置
Ctrl+C	复制选定的单元格
Ctrl+D	使用"向下填充"命令将选定范围内最顶层单元格的内容和格式复制到下面的单元格中
Ctrl+F	执行查找操作
Ctrl+G	执行定位操作
Ctrl+H	执行替换操作
Ctrl+I	应用或取消倾斜格式设置
Ctrl+N	创建一个新的空白工作簿
Ctrl+O	执行打开操作
Ctrl+P	执行打印操作
Ctrl+S	使用当前文件名、位置和文件格式保存活动文件
Ctrl+U	应用或取消下划线
Ctrl+V	在插入点处插入剪贴板的内容，并替换任何所选内容
Ctrl+W	关闭选定的工作簿窗口
Ctrl+Y	重复上一个命令或操作
Ctrl+Z	执行撤销操作
Ctrl+;	输入当前日期
Ctrl+Shift+:	输入当前时间
Shift+F2	添加或编辑单元格批注
Shift+F3	显示"插入函数"对话框

Office 常用快捷键

PowerPoint 2013 篇

按/组合键	功 能
F1	获取帮助文件
F4	重复最后一次操作
F5	从头开始运行演示文稿
F7	执行拼写检查操作
F12	执行"另存为"命令
Ctrl+A	选择全部对象或幻灯片
Ctrl+B	应用(解除)文本加粗
Ctrl+C	执行复制操作
Ctrl+D	生成对象或幻灯片的副本
Ctrl+E	段落居中对齐
Ctrl+F	打开"查找"对话框
Ctrl+G	打开"网格线和参考线"对话框
Ctrl+H	打开"替换"对话框
Ctrl+I	应用(解除)文本倾斜
Ctrl+J	段落两端对齐
Ctrl+K	插入超链接
Ctrl+L	段落左对齐
Ctrl+M	插入新幻灯片
Ctrl+O	打开PPT文件
Ctrl+Q	关闭程序
Ctrl+S	保存当前文件
Ctrl+T	打开"字体"对话框
Ctrl+U	应用(解除)文本下划线
Ctrl+V	执行粘贴操作
Ctrl+W	关闭当前文件
Ctrl+X	执行剪切操作
Ctrl+Y	重复最后操作
Ctrl+Z	撤销操作
Ctrl+Shift+F	更改字体
Ctrl+Shift+G	组合对象
Ctrl+Shift+H	解除组合
Ctrl+Shift+P	更改字号
Ctrl+Shift+<	增大字号
Ctrl+Shift+>	减小字号

步骤1：打开表格样式库。打开"物品领用统计表"工作簿，切换至"清除表格格式"工作表，选中表格内任意单元格，切换至"表格工具>设计"选项卡，单击"表格样式"选项组的"其他"按钮，如图4-63所示。

步骤2：清除表格格式。在打开的下拉列表中选择"清除"选项，如图4-64所示。

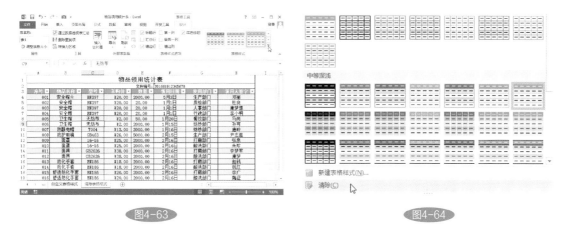

图4-63　　　　　　　　　　　　　　　　　　　　图4-64

步骤3：转换为普通区域。返回工作表，表格的格式已经被清除了，但还是筛选模式，切换至"表格工具>设计"选项卡，单击"工具"选项组的"转换为区域"按钮，如图4-65所示。

步骤4：查看效果。弹出提示对话框，单击"是"按钮，返回工作表中查看清除格式后的效果，如图4-66所示。

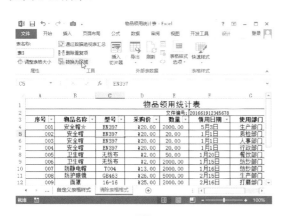

图4-65　　　　　　　　　　　　　　　　　　　　图4-66

知识点拨： 清除格式的方法

除了上述方法外，还可以在"开始"选项卡中清除，选中需要清除格式的单元格区域，如A3:H19单元格区域，切换至"开始"选项卡，单击"编辑"选项组中"清除"下三角按钮，选择"清除格式"选项，如图4-67所示。然后再转换为区域即可。

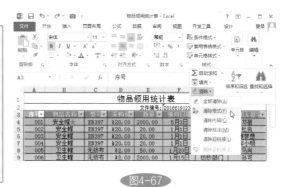

图4-67

4.2 创建员工档案

企业的管理最基本的是对员工的管理，统计员工的基本信息是有必要的，人事部门通过整理员工档案可以更好地管理员工。

4.2.1 输入数据的技巧

数据的输入有很多技巧和规律，本小节主要介绍有规律数据的输入、相同数据的输入、让数据自动输入和重组数据的输入。

（1）输入有规律的数据

当输入的数据都是遵循某种规律时，可以使用Excel 2013的填充功能，即快速又准确地输入数据，可以节约很多时间。下面介绍3种输入有规律的数据的方法。

方法1： 复制填充

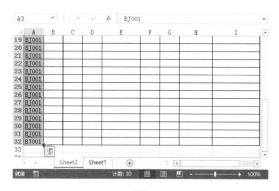

图4-68

步骤1： 鼠标拖动填充。打开"员工档案"工作表，选中A3单元格并输入"BJ001"编号，然后将光标移至该单元格的右下角，当变为黑色十字形状时，按住鼠标左键向下拖动至A32单元格，释放鼠标，如图4-68所示。

步骤2： 设置填充选项。在A32单元格右下侧出现"自动填充选项"按钮，单击该按钮，在下拉列表中选择"填充序列"单选按钮，效果如图4-69所示。

步骤3： 查看复制填充效果。返回工作表中，查看复制填充编号的效果，如图4-70所示。

图4-69

图4-70

方法2： 序列填充

步骤1： 打开"序列"对话框。打开"员工档案"工作表，选中A3单元格并输入"001"编号，切换至"开始"选项卡，单击"编辑"选项组中"填充"下三角按钮，在下拉列表中选择"序列"选项,如图4-71所示。

步骤2:设置填充选项。打开"序列"对话框,在"序列产生在"组合框中选中"列"单选按钮,在"终止值"数值框中输入030,单击"确定"按钮即可完成数据填充,如图4-72所示。

图4-71

图4-72

方法3: 自定义填充

步骤1:打开"Excel选项"对话框。打开"员工档案"工作表,单击"文件"标签,选择"选项"选项,弹出"Excel选项"对话框,切换至"高级"选项卡,在"常规"选项区域中单击"编辑自定义列表"按钮,如图4-73所示。

步骤2:输入员工姓名。弹出"选项"对话框,在"输入序列"文本框中输入员工的姓名,然后单击"添加"按钮,效果如图4-74所示。

图4-73

步骤3:查看自定义填充效果。依次单击"确定"按钮,在B3单元格中输入"邓丽",然后将光标移至该单元格右下角变为十字形状时,按下鼠标左键并拖至B32单元格,查看效果,如图4-75所示。

图4-74

图4-75

（2）输入重组数据

下面介绍Excel 2013新增的功能，可以提取单元格中的某部分内容，也可以将多个单元格的内容重组至一个单元格中，而且快速准确无误地自动操作。下面介绍重组数据输入的几种方法。

方法1： **自动拆分**

步骤1： 从地址中提取省份。打开"员工档案"工作表，选中单元格K3然后输入"江苏"，即地址栏中的省份，然后在K4单元格输入"福"，在下拉列表中自动提取地址栏中的省份，如图4-76所示。

步骤2： 查看效果。按Enter键即可快速提取省份，如图4-77所示。

图4-76

图4-77

  知识点拨： 自动拆分的方法

除了上述方法外，还可以利用"快速填充"功能自动拆分，在K3单元格中输入"江苏"，切换至"数据"选项卡，单击"数据工具"选项组中"快速填充"按钮，即可填充省份，如图4-78所示。

图4-78

方法2： 自动重组

步骤1： 输入重组的内容。打开"员工档案"工作表，选中单元格K3然后输入"邓丽本"，即姓名+学历，如图4-79所示。

步骤2： 输入员工的姓。选中K4单元格，然后输入"杜"，即B4单元格中员工的姓，然后自动填充员工姓名和学历，如图4-80所示。

步骤3： 查看效果。按Enter键即可快速重组员工的姓名和学历，如图4-81所示。

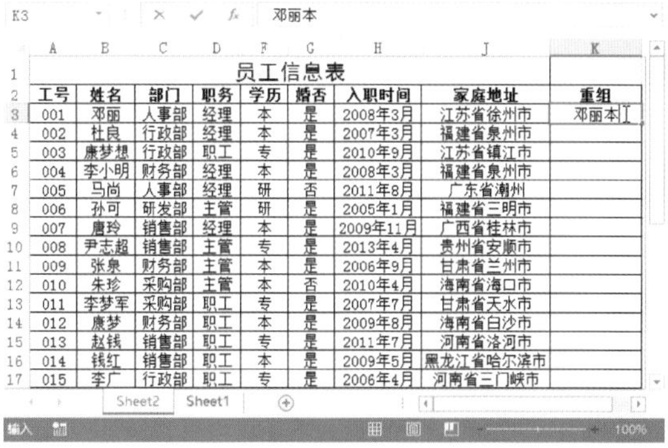

图4-79

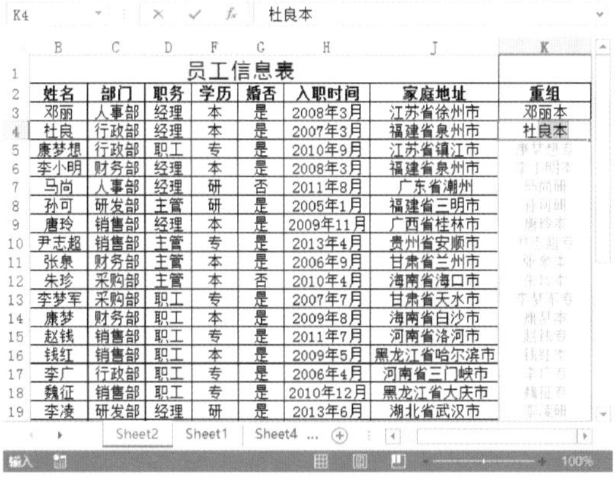

图4-80

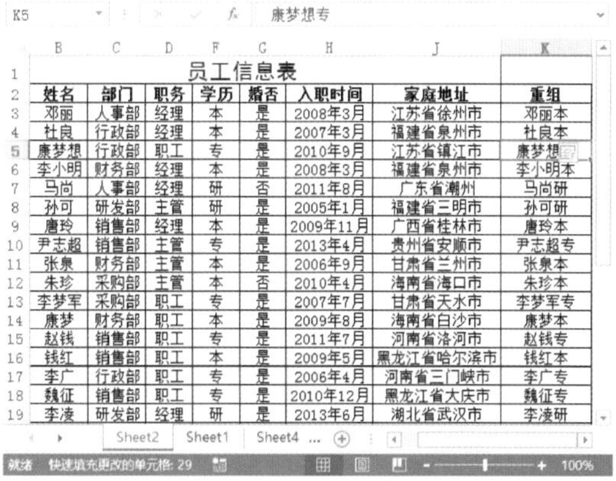

图4-81

方法3： 自动拆分重组

步骤1： 输入内容。打开"员工档案"工作表，选中单元格K3然后输入"邓丽本江苏"，即姓名+学历+省份，如图4-82所示。

步骤2： 查看效果。选中K3单元格，切换至"数据"选项卡，单击"数据工具"选项组中的"快速填充"按钮，即可拆分重组，如图4-83所示。

图4-82

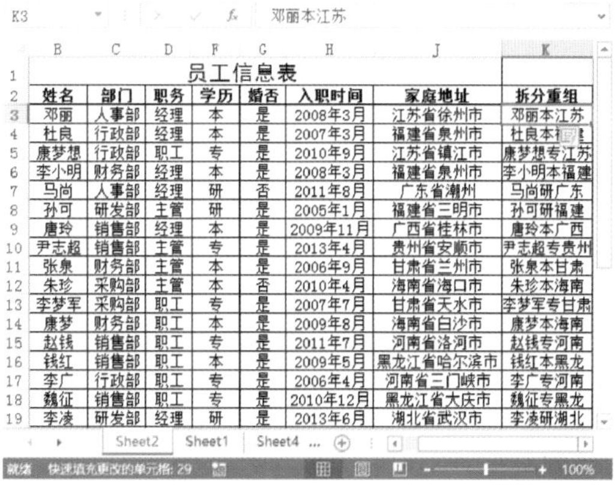

图4-83

（3）输入相同的数据

在输入数据时，有时在多个单元格中或多个工作表中需要输入相同的数据，此时可以使用简单的方法来快速无误地输入，大大提高了工作效率。下面介绍2种不同情况下输入相同数据的方法。

方法1： **在同一工作表中输入相同数据**

步骤1： 选择多个单元格。打开"员工档案"工作表，按下Ctrl键，选中需要输入相同数据的单元格，如图4-84所示。

步骤2： 输入数据。然后输入"人事部"文字，按下Ctrl+Enter组合键，则选中的单元格输入相同的数据，如图4-85所示。

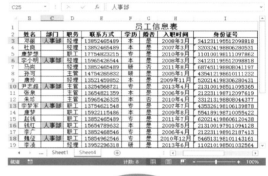

图4-84　　　　　　　　　　　　　　　图4-85

知识点拨： 在连续单元格中输入相同的数据

如果在连续的单元格中输入相同的数据，用户可以通过填充的方法快速输入内容。在第1个单元格中输入数据，然后拖曳填充柄向下填充即可。

方法2： **在同一工作簿多张工作表中输入相同数据**

步骤1： 选择多张工作表。打开"员工档案"工作簿，按下Ctrl键，选中需要输入相同数据的工作表，如图4-86所示。

步骤2： 输入数据。选中C3单元格，输入"人事部"文字，按下Enter键，则选中的单元格输入相同的数据，查看最终效果，如图4-87所示。

图4-86　　　　　　　　　　　　　　　图4-87

（4）自动输入数据

Excel提供了记忆功能，这使在输入数据时可以避免重复输入数据而浪费时间。下面介绍如何利用记忆功能巧妙地输入数据。

方法1： **记忆式输入**

步骤1： 输入员工的职务。打开"员工档案"工作簿，在D3：D6单元格中输入职务，如图4-88所示。

步骤2： 查看结果。在D6单元格中输入"主"字，后面会自动显示"管"文字，按Enter键即可快速输入，如图4-89所示。

图4-88

图4-89

注意事项： 取消记忆功能

如果不需使用Excel的记忆功能时，如何才能取消呢？只需要在"Excel选项"对话框中，切换至"高级"选项卡，取消勾选"为单元格值启用记忆式键入"复选框即可。

方法2： **使用下拉列表输入**

步骤1： 输入员工的职务。打开"员工档案"工作簿，在D3：D6单元格中输入职务，如图4-90所示。

步骤2： 快捷菜单设置下拉列表。选中D6单元格，单击鼠标右键，在快捷菜单中选择"从下拉列表中选择"命令，如图4-91所示。

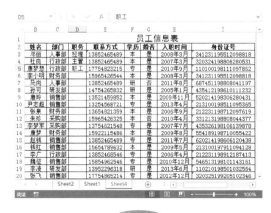

图4-90

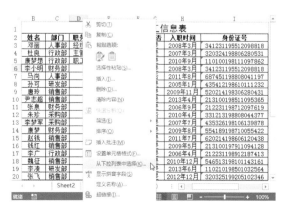

图4-91

步骤3：在列表中选择职务。在D6单元格下弹出职务的选项，选中需要输入的数据，此处选择"主管"选项，即可在D6单元格内输入数据，如图4-92所示。

图4-92

4.2.2 设置单元格的格式

设置单元格格式是美化表格的基础，使表格看起来更美观，数据更清晰。设置单元格格式主要包括设置数据的对齐方式、字体字号以及添加背景色等。

（1）设置对齐方式

在Excel中，数值型数据系统自动右对齐，文本型的数据自动左对齐，表格整体看起来不整齐，所以需要对数据进行统一设置对齐方式，下面介绍2种对齐的方法。

方法1： **功能区按钮法**

步骤1：查看原始数据对齐方式。打开"员工档案"工作簿，可见数据的对齐方式比较乱，如图4-93所示。

步骤2：设置对齐方式。选中A2：J32单元格区域，切换至"开始"选项卡，单击"对齐方式"选项组中的"居中"按钮，即可将选中数据居中对齐，如图4-94所示。

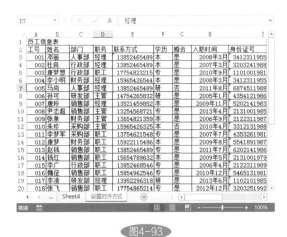

图4-93

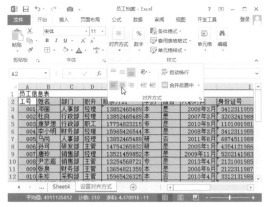

图4-94

方法2： **使用对话框设置对齐方式**

步骤1：打开"设置单元格格式"对话框。选中A2：J32单元格区域，在"开始"选项卡中单击"对齐方式"对话框启动器按钮，如图4-95所示。

步骤2：设置对齐方式。打开"设置单元格格式"对话框，在"对齐"选项卡中，设置"水平对齐"和"垂直对齐"为"居中"即可，如图4-96所示。

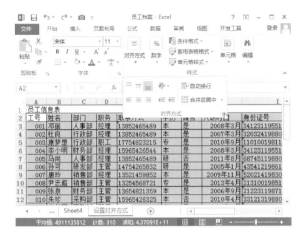

图4-95

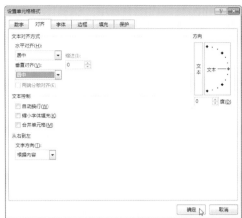

图4-96

 知识点拨： 水平对齐方式

　　水平对齐的方式包括常规、靠左（缩进）、居中、靠右（缩进）、填充、两端对齐、跨列居中和分散对齐（缩进）。

（2）设置字体字号

　　在输入数据时，字体格式默认为宋体，字号为11，颜色为黑色，用户可以根据不同的需要设置字体字号。

步骤1： 查看原始数据的格式。打开工作表，选中标题栏，A1单元格，现在格式为宋体，11号，如图4-97所示。

步骤2： 设置字体。切换至"开始"选项卡，在"字体"选项组中单击"字体"下三角按钮，在下拉列表中选择"黑体"格式，如图4-98所示。

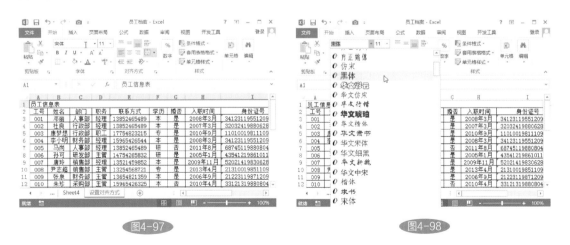

图4-97　　　　　　　　　　　　　　　　图4-98

步骤3： 设置字号大小。单击"字号"下三角按钮，在下拉列表中选择16号，如图4-99所示。
步骤4： 查看设置字体和字号后的效果。设置标题居中显示，返回工作表中查看效果，如图4-100所示。

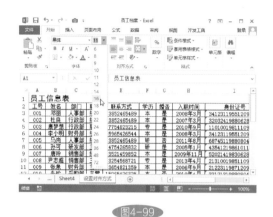

图4-99 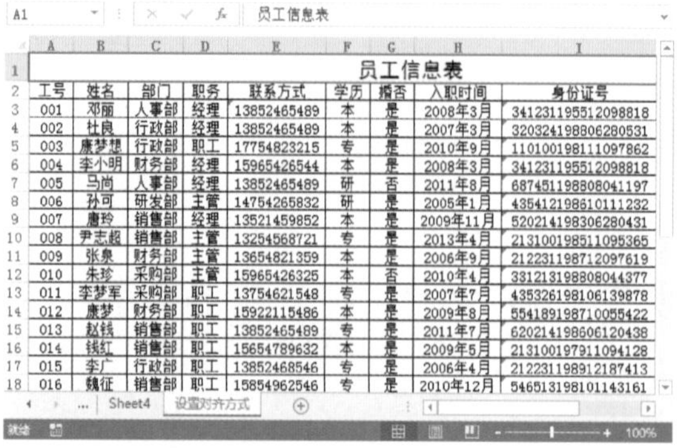　　　　　　　　　　　　　图4-100

（3）设置字体加粗和颜色

在编辑表格时，有时为了区别某些数据，会为其设置加粗显示或添加颜色，具体操作步骤如下。

步骤1：打开"设置单元格格式"对话框。打开"员工档案"工作簿，切换至"设置对齐方式"工作表中，选中A2：J2单元格区域，切换至"开始"选项卡，单击"字体"启动对话框按钮，如图4-101所示。

步骤2：设置字体格式。打开"设置单元格格式"对话框，切换至"字体"选项卡，设置"字形"为"加粗"，单击"颜色"下三角按钮，选择红色，如图4-102所示。

图4-101

图4-102

步骤3：查看设置加粗和颜色后的效果。单击"确定"按钮，返回工作表中，查看效果，如图4-103所示。

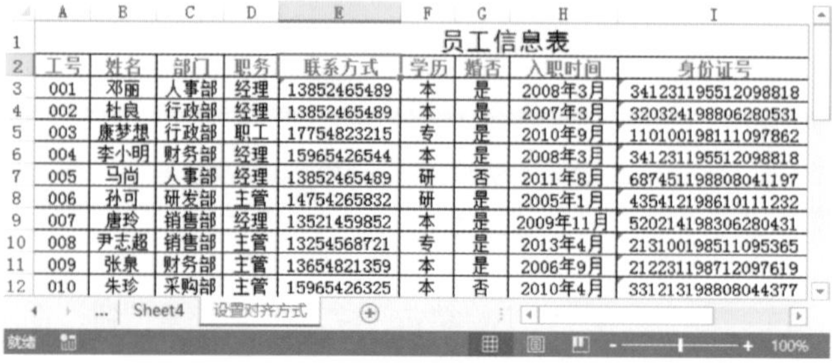

（4）为单元格添加背景色

为单元格添加背景色起到美化工作表的效果，或是突出显示某些数据的效果，也可以为工作表添加底纹或背景图片，具体操作步骤如下。

图4-103

步骤1：添加背景颜色。打开"员工档案"工作簿，选中整体表格，切换至"开始"选项卡，单击"填充颜色"下三角按钮，在颜色区域选择合适的颜色，此处选择浅橘色，如图4-104所示。

步骤2：查看添加背景色的效果。返回工作表，查看效果，如图4-105所示。

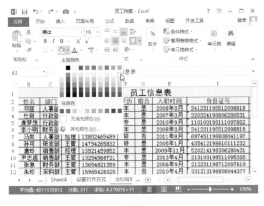

图4-104

图4-105

步骤3：添加图案底纹。选中整个表格，打开"设置单元格格式"对话框，切换至"填充"选项卡，单击"图案样式"下三角按钮，选择合适的图案样式，然后选择背景色，单击"确定"按钮，如图4-106所示。

步骤4：查看填充的效果。返回工作表中，查看填充图案的效果，如图4-107所示。

图4-106

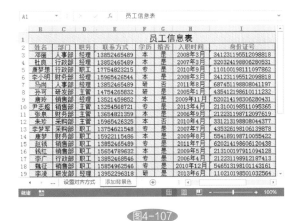

图4-107

上面介绍了为表格添加背景色和图案，此外还可以为表格添加自己喜欢的图片作为背景图片，具体操作步骤如下。

步骤1：打开"插入图片"对话框。打开工作表，切换至"页面布局"选项卡，单击"页面设置"选项组中的"背景"按钮，如图4-108所示。

步骤2：选择背景图片。打开"插入图片"面板，单击"浏览"按钮，弹出"工作表背景"对话框，选择合适的背景图片，单击"插入"

图4-108

按钮，如图4-109所示。

步骤3：查看添加背景图片的效果。返回工作表中，查看效果，如图4-110所示。

图4-109

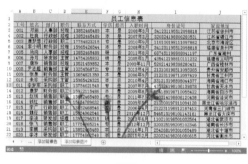

图4-110

4.2.3　设置单元格样式

在Excel中预置了很多经典的单元格样式，使用时直接套用即可，也可以根据需要自定义样式。

（1）套用单元格样式

步骤1：选择设置单元格样式的区域。打开"员工档案"工作簿，选中表格区域，切换至"开始"选项卡，单击"样式"选项组中的"单元格样式"下三角按钮，如图4-111所示。

步骤2：选择单元格的样式。打开单元格样式库，选择合适的样式，此处选择"好"样式，如图4-112所示。

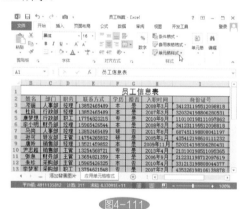

图4-111

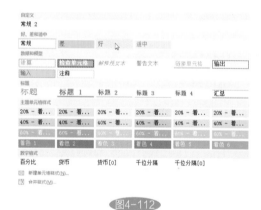

图4-112

步骤3：查看应用单元格样式的效果。返回工作表中，查看效果，如图4-113所示。

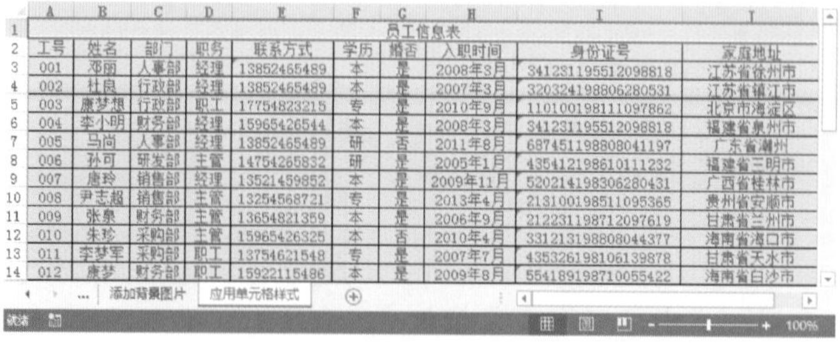

图4-113

（2）修改单元格样式

套用某单元格样式后，可以对其进行修改，以达到满意效果，具体操作步骤如下。

步骤1：选择修改单元格样式的区域。打开"员工档案"工作簿，选中套用单元格样式的单元格区域，此处选中F3：G32单元格区域，切换至"开始"选项卡，单击"样式"选项组中的"单元格样式"下三角按钮，打开样式库，右键单击套用的单元格样式，在快捷菜单中选择"修改"命令，如图4-114所示。

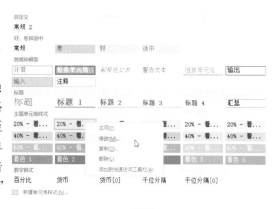

图4-114

步骤2：设置字体的格式。弹出"样式"对话框，保持默认状态，单击"格式"按钮，弹出"设置单元格格式"对话框，单击"字体"选项卡，设置"字体"和"字号"，添加字体颜色，如图4-115所示。

步骤3：设置填充颜色。切换至"填充"选项卡，设置填充颜色，然后单击"确定"按钮，如图4-116所示。

图4-115

图4-116

步骤4：查看修改单元格样式的效果。依次单击"确定"按钮，返回工作表中，查看效果，如图4-117所示。

图4-117

（3）合并单元格样式

创建的自定义单元格样式只能在当前的工作簿中使用，如何跨工作簿使用单元格的样式，必须要合并样式。

步骤1：选择"合并样式"选项。首先打开需要合并样式的工作簿，然后在"单元格样式"列表中选择"合并样式"选项，如图4-118所示。

步骤2：合并样式。打开"合并样式"对话框，选择包含自定义样式的工作簿，然后单击"确定"按钮即可完成合并样式，如图4-119所示。

图4-118

图4-119

第5章

公式与函数的妙用

本章概述

　　学习Excel时，函数是必须学习的，因为函数的应用比较广，而且计算能力也比较强。若想提高使用Excel的水平，必须提高函数的应用水平。只要提到函数，很多读者都说比较难学难懂，经常会错误使用函数。其实只要掌握常用的函数，就足以应付在Excel中遇到的问题了。

　　本章将对Excel的函数公式进行介绍，如公式的输入、公式的编辑、数组公式的使用，以及单元格的引用、定义名称，此外，还介绍一些常用函数在工表格中的应用。

知识点一览

公式的输入、编辑

公式的填充

数组公式的使用规则

定义名称以及名称的使用

SUMIF 函数的应用

RANK 函数的应用

DAYS360 函数的应用

VLOOKUP 函数的应用

5.1 制作销售业绩统计表

销售业绩统计表是销售部和财务部常用的表格，直观地体现各销售员的销售业绩以及任务完成情况，从而计算出销售员所获得的提成。本节通过制作销售业绩统计表进一步介绍公式和数组公式的应用，以及函数的应用。

5.1.1 利用公式计算数值

公式是Excel中必不可少的功能之一，公式可以让繁琐的计算瞬间完成，大大提高工作效率。

（1）公式的输入

公式是Excel的重要组成部分，在使用公式计算数据之前，先介绍公式输入的方法。

方法1： 直接输入公式

步骤1： 输入"="。打开"销售业绩统计表"工作表，选中需要输入公式的单元格，此处选择G3单元格，然后输入"="，如图5-1所示。

步骤2： 输入公式。然后输入相应的公式，销售金额=销售单价×销售数量，所以公式为"E3*F3"，如图5-2所示。

图5-1

图5-2

步骤3： 执行计算。当公式输入完成后，按Enter键执行计算，或单击编辑栏右侧的"输入"按钮，如图5-3所示。

步骤4： 查看计算结果。计算完成后，返回工作表中查看计算销售金额的结果，在编辑栏可以查看公式，如图5-4所示。

方法2： 用鼠标输入公式

除了上面介绍的直接输入公式外，用户还可以使用鼠标输入公式。首先选中单元格，此处选择H3单元格，并输入"="，选中需要执行计算的单元格G3，如图5-5所示。然后输入算术运算符"−"，再选择D3单元格，如图5-6所示。计算公式完成，如图5-7所示。最后按Enter键执行计算，结果如图5-8所示。

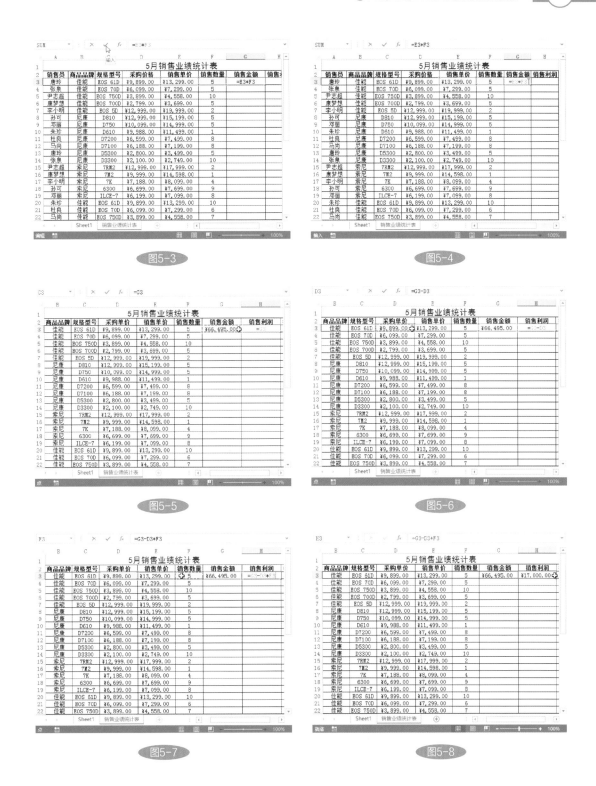

图5-3

图5-4

图5-5

图5-6

图5-7

图5-8

方法3：利用"插入函数"输入函数

步骤1： 打开"插入函数"对话框。打开"销售业绩统计表"，选择G3单元格，切换至"公式"选项卡，单击"函数库"选项组中的"插入函数"按钮，如图5-9所示。

步骤2：选择函数。打开"插入函数"对话框，在"或选择类别"列表中选择"数学与三角函数"，在"选择函数"区域选择PRODUCT函数，单击"确定"按钮，如图5-10所示。

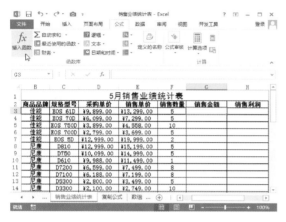

图5-9

图5-10

步骤3：打开"函数参数"对话框。打开"函数参数"对话框，在Number1和Number2右侧文本框内输入引用的单元格，也可以单击右侧的折叠按钮在工作表中选择引用的单元格，然后单击"确定"按钮，如图5-11所示。

步骤4：查看计算结果。返回工作表中，可见单元格内显示计算结果，在编辑栏里显示函数公式，如图5-12所示。

图5-11

图5-12

在"函数参数"对话框中，输入引用单元格的位置时，也可以输入公式的表达式，如计算销售利润，具体操作如下。

步骤1：打开"插入函数"对话框。选择H3单元格，单击编辑栏左侧的"插入函数"按钮，打开"插入函数"对话框，选择PRODUCT函数，如图5-13所示。

步骤2：输入引用单元格位置。打开"函数参数"对话框，在Number1右侧文本框内输入"E3-D3"公式，在Number2文本框中输入"F3"，如图5-14所示。

步骤3：查看计算结果。返回工作表，选中H3单元格，在编辑栏中可见函数公式，如图5-15所示。

图5-13

图5-14

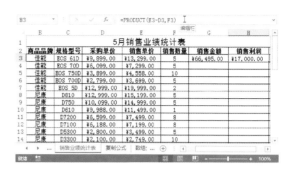

图5-15

（2）编辑公式

当公式输入完成后，如果需要公式进行重新编辑或修改，首先让公式进入编辑模式，然后再编辑或修改公式，具体操作步骤如下。

步骤1：双击单元格。选中需要编辑或修改公式的单元格并双击，此处选择H3单元格，则该单元格进入可编辑模式，如图5-16所示。

步骤2：重新输入公式。然后重新输入相应的公式，按Enter键执行计算，如图5-17所示。

图5-16

图5-17

（3）复制公式

在计算报表中的数据时，如果对某列或某行应用相同的计算公式时，通常采用复制公式的方法，执行快速计算。下面将介绍几种复制公式的方法。

方法1：　**复制粘贴法**

步骤1：复制公式。打开"销售业绩统计表"工作表，选中G3：H3单元格区域，单击鼠标右键，在快捷菜单中选择"复制"命令，如图5-18所示。

步骤2：粘贴公式。选中需要粘贴的单元格区域，选择G4：H42单元格区域，在"开始"选项卡中，单击"剪贴板"选项组中的"粘贴"下三角按钮，选择"公式"选项，即可完成复制公式操作，如图5-19所示。

图5-18   图5-19

方法2： 拖曳填充法

步骤1： 拖曳填充柄。选中G3：H3单元格区域，将光标移至单元格右下角，当光标变为黑色十字时，按住鼠标左键向下拖曳至H42单元格，如图5-20所示。

步骤2： 查看复制公式后效果。释放鼠标即可将公式复制到选中的单元格中，并都计算出结果，如图5-21所示。

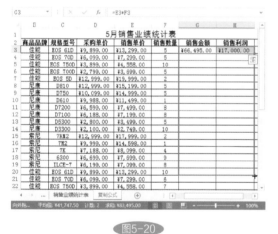

图5-20

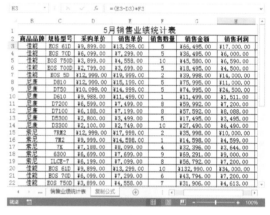

图5-21

方法3： 双击填充法

步骤1： 选择需要复制公式的单元格。打开"销售业绩统计表"工作表，选中G3：H3单元格区域，如图5-22所示。

步骤2： 双击填充柄。将光标移至单元格区域的右下角，当光标变为黑色十字时并双击，即可将公式复制到表格最后一行，如图5-23所示。

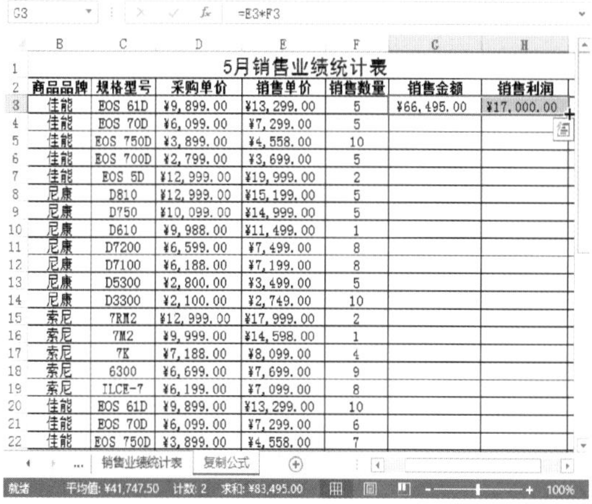

图5-22

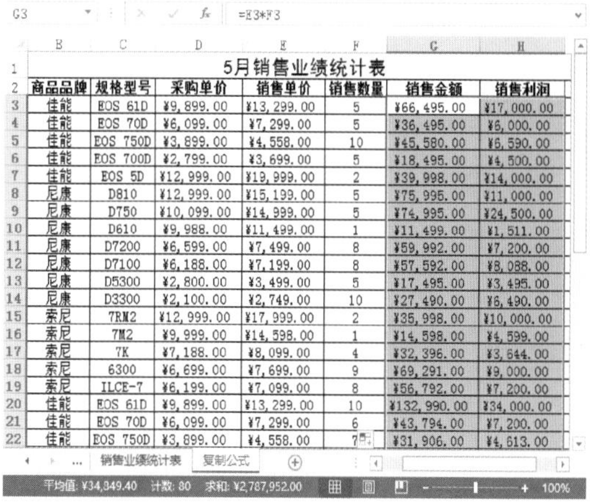

图5-23

方法4：　填充命令法

步骤1： 选择单元格区域。打开"销售业绩统计表"工作表，选中G3：H42单元格区域，如图5-24所示。

步骤2： 向下填充公式。切换至"开始"选项卡，单击"编辑"选项组中的"填充"下三角按钮，在下拉列表中选择"向下"选项，如图5-25所示。

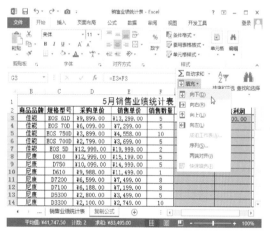

图5-24

图5-25

在上面几种方法中，有的需要利用填充柄完成，当打开Excel工作表时，发现没有填充柄，该如何操作呢？打开工作表，单击"文件"标签，选择"选项"选项，如图5-26所示。打开"Excel选项"对话框，选择"高级"选项，在右侧区域中勾选"启用填充柄和单元格拖放功能"复选框，然后单击"确定"按钮，如图5-27所示。

图5-26

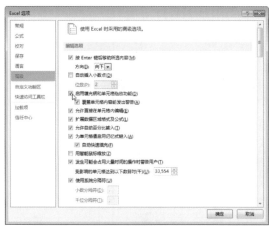

图5-27

（4）显示公式

在工作表中输入公式后，按Enter键后显示公式的计算结果。当需要查看工作表中所有公式表达方式时，可以将公式显示出来，具体操作步骤如下。

步骤1：设置显示公式。打开"销售业绩统计表"工作表，切换至"公式"选项卡，单击"公式审核"选项组中"显示公式"按钮，如图5-28所示。

步骤2：显示公式。表格中所有公式都显示出来，查看显示公式后的效果，如图5-29所示。如果需要取消显示公式的操作，需要再次单击"显示公式"按钮即可。

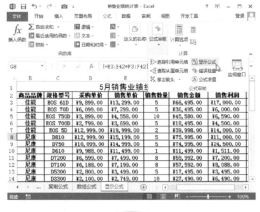

图5-28

图5-29

（5）隐藏公式

创建公式后，按Enter键后在单元格内显示公式的计算结果，而在编辑栏中显示计算公式。如果不希望浏览者看到公式，可以将其隐藏，具体操作步骤如下。

步骤1：右击需要隐藏公式的单元格。打开"销售业绩统计表"工作表，选中需要隐藏公式的单元格区域，此处选择G3：I42单元格区域，单击鼠标右键，在快捷菜单中选择"设置单元格格式"命令，如图5-30所示。

步骤2：打开对话框。弹出"设置单元格格式"对话框，切换至"保护"选项卡，勾选"隐藏"复选框，单击"确定"按钮，如图5-31所示。

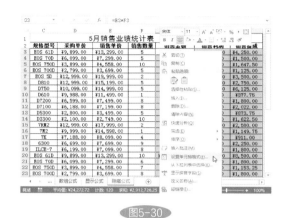

图5-30

图5-31

步骤3：设置工作表的保护。返回工作表后，切换至"审阅"选项卡，单击"更改"选项组中的"保护工作表"按钮，如图5-32所示。

步骤4：打开"保护工作表"对话框。弹出"保护工作表"对话框，不设置密码，然后单击"确定"按钮，如图5-33所示。

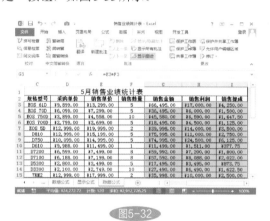

图5-32

图5-33

步骤5：查看设置隐藏公式后的效果。选中含有公式的单元格区域，可见在编辑栏中不显示计算公式，如图5-34所示。

步骤6：取消隐藏公式。如果需要取消隐藏公式，则切换至"审阅"选项卡，单击"更改"选项组中的"撤销工作表保护"按钮即可，如图5-35所示。

图5-34

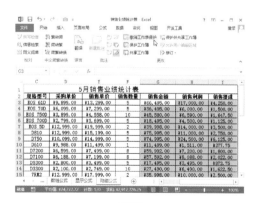

图5-35

5.1.2　利用数组公式计算数值

数组公式指可以在数组的一项或多项上执行计算，可返回一个或多个计算结果，数组公式对多个数据进行同时计算，从而使计算效果大幅度提高。下面以销售业绩统计表为例介绍数组公式的应用。

步骤1： 选择单元格区域。打开"销售业绩统计表"工作表，选中G3：G42单元格区域，如图5-36所示。

步骤2： 输入数组公式。然后输入公式"=E3:E42*F3:F42"，如图5-37所示。

图5-36

步骤3： 执行数据公式的计算。按Ctrl+Shift+Enter组合键执行计算，同时计算出所有的销售金额，在编辑栏中系统自动为公式添加大括号，如图5-38所示。

图5-37　　　　　　　　　　图5-38

步骤4： 利用数组公式计算销售利润。选中H3：H42单元格区域，然后输入公式"=(E3:E42-D3:D42)*F3:F42"，按Ctrl+Shift+Enter组合键执行计算，如图5-39所示。

若执行数组公式运算，必须按Ctrl+Shift+Enter组合键，若直接按Enter键有时会返回错误的值。

在G43单元格中输入公式"=SUM(E3:E42*F3:F42)"，然后按Ctrl+Shift+Enter组合键执行计算，在G44单元格输入同样的公式，按Enter键执行计算，查看效果，如图5-40所示。

图5-39

图5-40

上述介绍的是同方向一维数组之间的运算，下面将逐一介绍数组的其他运算规则。

（1）单值与数组之间的运算

单值与数组的运算是该值分别和数组中的各个数值进行运算，最终返回与数组同方向同尺寸的结果。在销售业绩统计表中，员工的提成是利润的15%，具体操作步骤如下。

步骤1：选择I3：I42单元格区域并输入公式。打开"销售业绩统计表"工作表，选择I3：I42单元格区域，输入"=H3：H42*15%"公式，如图5-41所示。

步骤2：完成数组计算。按Ctrl+Shift+Enter组合键执行计算，查看单值与数组之间的运算结果，如图5-42所示。

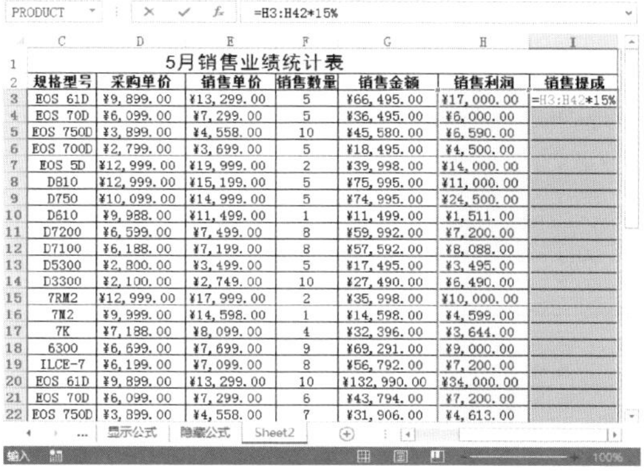

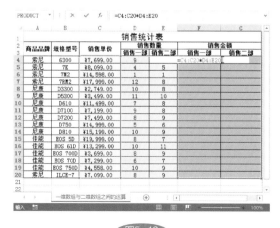

图5-41 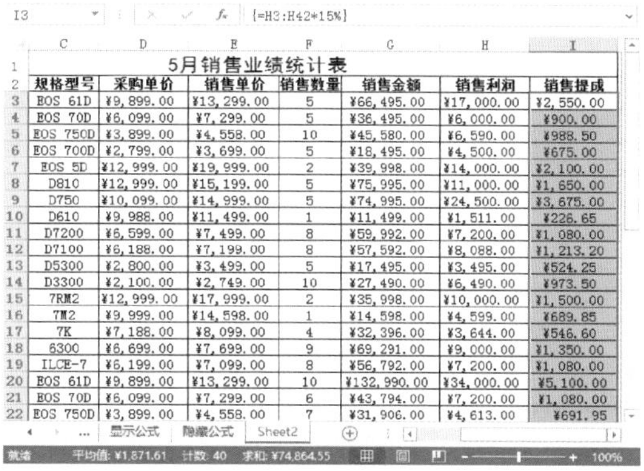　　　　　　　　　图5-42

（2）一维数组与二维数组之间的运算

当一维数组与二维数组具有相同尺寸时，返回与二维数组一样特征的结果。

在"销售统计表"中，根据销售单价和两个销售部门的销售数量，计算出两个销售部门的销售金额，具体操作步骤如下。

步骤1：选择F4：G20单元格区域并输入公式。打开"销售统计表"工作表，选择F4：G20单元格区域，输入"=C4：C20*D4：E20"公式，如图5-43所示。

步骤2：完成数组计算。按Ctrl+Shift+Enter组合键执行计算，查看同方向一维数组与二维数组之间的运算结果，如图5-44所示。

图5-43 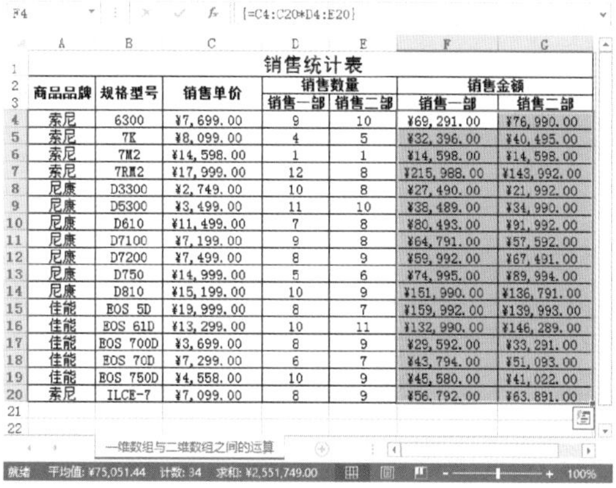　　　　　　　　　图5-44

（3）不同方向一维数组之间的运算

如果两个不同方向的一维数组进行运算，其中一个数组中的各数值与另一数组中的各数值分别计算，返回一个矩形阵的结果。在"2015年销售统计表"中，根据规定的单价和4个季度的折扣，计算出4个季度的销售单价，具体操作步骤如下。

步骤1：选择H4：K20单元格区域并输入公式。打开"销售统计表"工作表，选择H4：K20单元格区域，输入"=C4：C20*（1–H3：K3）"公式，如图5-45所示。

步骤2：完成数组计算。按Ctrl+Shift+Enter组合键执行计算，查看不同方向一维数组之间的运算结果，如图5-46所示。

图5-45

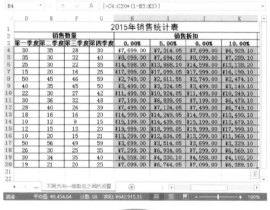

图5-46

（4）同方向二维数组之间的运算

两个二维数组运算按尺寸较小的数组的位置逐一进行对应的运算，返回结果的数组和较大尺寸的数组的特性一致。

在"2015年销售统计表"中，根据4个季度的销量和不同折扣的销售单价，计算出4个季度的销售金额，具体操作步骤如下。

步骤1：选择L4：O20单元格区域并输入公式。打开"销售统计表"工作表，选择L4：O20单元格区域，输入"=H4：K20*D4：G20"公式，如图5-47所示。

步骤2：完成数组计算。按Ctrl+Shift+Enter组合键执行计算，查看同方向二维数组之间的运算结果，如图5-48所示。

图5-47

图5-48

知识点拨： 使用数组公式中的原则

输入数组公式时需要遵循一定的原则。

① 在输入数组公式之前，必须选择用于保存结果的单元格或单元格区域。

② 使用多个单元格数组公式时，不能更改数组公式中单个单元格的内容。

③ 不能向多个单元格数组公式中插入空白单元格或删除其中的部分单元格。

④ 可以移动或删除整个数组公式，但是不能移动或删除部分内容。

5.1.3 销售业绩的统计

销售业绩能直接反映销售员的销售能力。因此对销售业绩的统计工作是非常重要的，在庞大的数据中对业绩的统计是很繁琐的工作，这里可以让函数来帮忙，瞬间完成操作。

在销售业绩统计表中，分别记录销售员销售情况，现在需要统计销售员的销售金额的总和，具体操作步骤如下。

步骤1： 完善表格。打开"销售统计表"工作表，在K1：L12单元格区域完成表格，如图5-49所示。

步骤2： 输入求和公式。选中L3单元格，输入"=SUMIF($A$3:$A$42,K3,$I$3:$I$42)"公式，如图5-50所示。

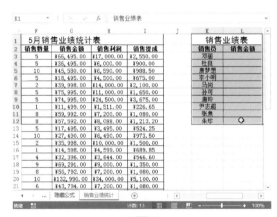

图5-49

图5-50

步骤3： 填充公式。按Enter键执行计算，选中该单元格，利用之前学的方法将公式向下填充至L12单元格，如图5-51所示。

步骤4： 查看销售员的业绩。返回工作表中，查看所有销售员的业绩统计，如图5-52所示。

知识点拨： SUMIF函数简介

SUMIF函数是对指定区域中满足指定条件的值进行求和。

语法格式：SUMIF（range,criteria,[sum_range]）

其中range参数是必需的，表示用于条件计算的区域；criteria是必需的，表示求和的条件，在range的参数区域中；sum_range是可选的，满足条件的求和区域，当省略该参数时，则range条件区域就是实际求和区域。

图5-51

图5-52

在函数公式中有的行号或列标前面添加"$"符号，该符号表示绝对值符号。在输入函数公式时，正确地引用单元格是执行计算的重要前提。下面将介绍单元格引用的知识，引用方式有3种，分别为相对引用、绝对引用和混合引用。

（1）相对引用

相对引用是基于包含公式和引用的单元格的相对位置，即公式的单元格位置发生改变，所引用的单元格位置也随之改变。下面以计算销售提成为例介绍相对引用。

步骤1：输入公式并向下填充。打开"销售统计表"工作表，在I3单元格并输入"=H3*15%"公式，然后将公式填充至H42单元格，如图5-53所示。

步骤2：查看相对引用的效果。选中I4单元格，在编辑栏中显示"=H4*15%"公式，可见公式所在的单元格发生变化，而引用的单元格也变化了，如图5-54所示。

图5-53

图5-54

（2）绝对引用

绝对引用是引用单元格的位置不会随着公式的单元格的变化而变化，如果多行或多列地复制或填充公式时，绝对引用也不会改变。

在计算各销售员销售总金额时，在函数公式中用到绝对引用，选中L4单元格，在编辑栏中的公式可见绝对引用的位置不发生变化，如图5-55所示。

图5-55

 知识点拨： 添加绝对值符号F4

　　在输入绝对引用公式时，可以直接在引用的单元格行号或列标前输入绝对引用符号$，或在公式中选择引用的行号列标，按下F4键，自动切换成绝对引用。

（3）混合引用

　　混合引用是包含相对引用和绝对引用的混合形式，混合引用具有绝对列和相对行，或绝对行和相对列。在前面介绍的利用数组公式计算商品不同折扣后的单价，在此将利用混合引用的方法计算出相同的结果，具体步骤如下。

步骤1： 输入公式。打开"销售统计表"工作簿，切换至"混合引用"工作表，选中D4单元格并输入"=C4*(1-D3)"公式，如图5-56所示。

步骤2： 按F4功能键设置混合引用。单击公式中的"C4"，按3次F4键，变为"$C4"，如图5-57所示。

图5-56

图5-57

步骤3： 按F4功能键设置混合引用。单击公式中的"D3"，按2次F4键，变为"D$3"，按下Enter键执行计算，如图5-58所示。

步骤4： 向右填充公式。将公式填充至G20单元格，如图5-59所示。

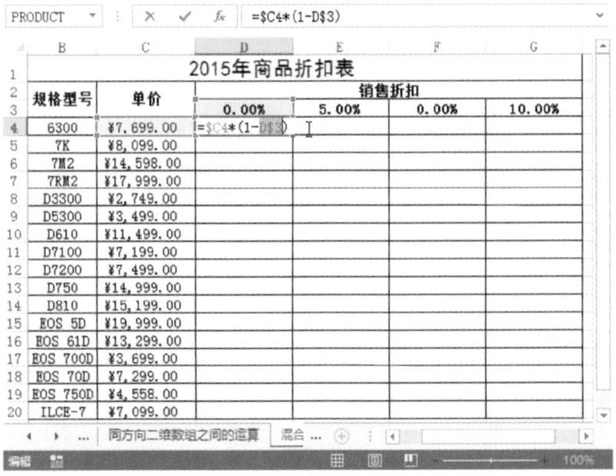

图5-58

图5-59

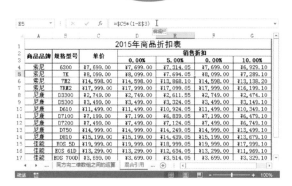

图5-60

步骤5： 查看混合引用效果。选中E5单元格，在编辑栏中显示计算公式，绝对的行或列没发生变化，而相对的行或列发生变化，如图5-60所示。

5.1.4 对销售人员进行排名

在统计完销售人员的销售金额后，公司会对销售金额最多的前3名销售员给予奖励。那么需要对员工进行排名。

在销售业绩统计表中，统计销售员的销售总金额，现在使用函数为其排名，具体操作步骤如下。

步骤1： 设置排名列。打开"销售统业绩计表"工作表，在M2：M12单元格区域设置"排名"列，如图5-61所示。

步骤2： 输入排名公式。选中M3单元格，输入"=RANK(L3,$L$3:$L$12)"公式，如图5-62所示。

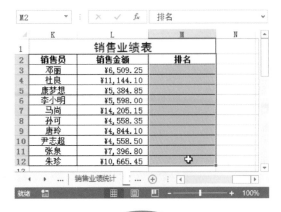

图5-61

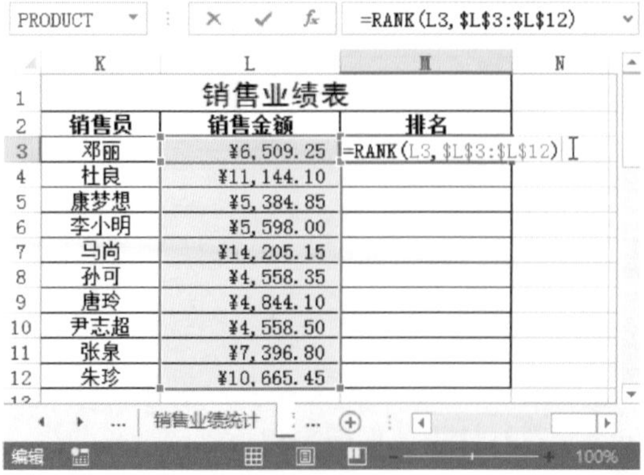

图5-62

步骤3：向下填充公式。按Enter键执行计算，选中该单元格，将光标定位在单元格右下角，变为十字时按住鼠标左键向下拖动至M12单元格，如图5-63所示。

步骤4：查看排名结果。返回工作表中，查看使用函数计算各销售人员排名的结果，如图5-64所示。

图5-63　　　　　　　　图5-64

 知识点拨：RANK函数简介

RANK函数用于计算一个数值在一组数值中的排名。

语法格式：RANK（number,ref,order）

其中number为需要计算排名的数值，或者数值所在的单元格；ref将计算数值在此区域中的排名，可以是单元格区域引用或区域名称引用；order指定排名的方式，1表示升序，0表示降序。如果省略此参数，则采用降序排名。

 注意事项：排名与排序数据的区别

使用RANK函数计算排名，并不改变表格中数据的上下位置顺序，只是计算出其排名的数值；而排序数据（在"数据"选项卡下"排序和筛选"组中单击"升序""降序"或"排序"按钮），将改变表格中数据的上下位置顺序。

（1）定义名称

在使用公式时，有时需要引用某单元格区域或数组进行运算，此时可以将引用单元格区域或数组定义一个名称，编写公式时直按引用定义的名称即可，这样表现更直观。

例如，在使用RANK函数进行排名时，需要引用单元格区域，可以将该区域定义为销售金额，在输入公式时可直接引用此名称。首先介绍定义名称的方法。

方法1：**对话框定义法**

步骤1：单击"定义名称"按钮。打开"销售业绩统计表"工作表，切换至"公式"选项卡，单击"定义的名称"选项组中"定义名称"按钮，如图5-65所示。

步骤2：定义名称。弹出"新建名称"对话框，在"名称"文本框中输入"销售金额"，单击"引用位置"右侧的折叠按钮，如图5-66所示。

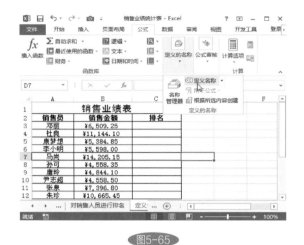

图5-65

图5-66

步骤3：在工作表中选择定义单元格区域。打开"新建名称-引用位置"对话框，返回工作表中选中需要定义名称的单元格区域，此处选择B3：B12单元格区域，然后单击折叠按钮，如图5-67所示。

步骤4：查看定义名称后的效果。返回"新建名称"对话框，单击"确定"按钮，返回工作表中选择B3：B12单元格区域，在名称框中显示销售金额，如图5-68所示。

图5-67

图5-68

方法2： 名称框定义法

步骤1：选中单元格区域。打开"销售业绩表"工作表，选中需要定义名称的单元格区域，此处选择B3：B12单元格区域，如图5-69所示。

步骤2：输入名称。在"名称框"中输入"销售金额"，按Enter键确认，如图5-70所示。

注意事项： 引用位置

　　在"新建名称"对话框中"引用位置"文本框中是选中的单元格区域，也可以把经常用的数值定义名称，比如养老保险金，此时"引用位置"文本框中应为数值。

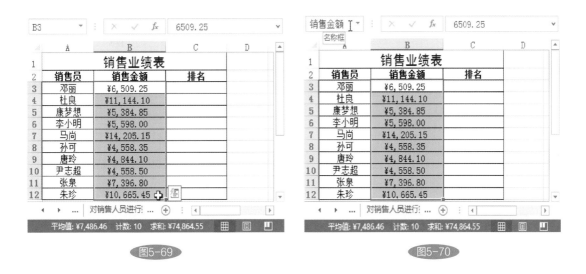

图5-69　　　　　　　　　　　　　图5-70

（2）编辑或删除定义的名称

　　如果需要修改定义的名称，或是修改引用的单元格区域时，可以在"名称管理器"对话框中实现，具体操作如下。

步骤1：单击"名称管理器"按钮。打开"销售业绩表"工作表，切换至"公式"选项卡，单击"定义的名称"选项组"名称管理器"按钮，如图5-71所示。

步骤2：打开"名称管理器"对话框。在打开"名称管理器"对话框中选中需要修改的名称，然后单击"编辑"按钮，如图5-72所示。

图5-71　　　　　　　　　　　　　图5-72

步骤3：打开"编辑名称"对话框。打开"编辑名称"对话框，在"名称"文本框中输入"销售总金额"，单击"确定"按钮，如图5-73所示。

步骤4：设置完成查看编辑后的效果。返回"名称管理器"对话框，然后单击"关闭"按钮，选中B3：B12单元格区域，在"名称框"中显示"销售总金额"，如图5-74所示。

图5-73

图5-74

如果不再需要对某单元格、单元格区域或某值定义的名称时，用户可以将其删除。例如银行的利息发生变化了，需要把定义的"银行利息"名称删除，具体操作步骤如下。

步骤1： 单击"名称管理器"按钮。打开"销售业绩表"工作表，切换至"公式"选项卡，单击"定义的名称"选项组"名称管理器"按钮，如图5-75所示。

步骤2： 删除定义的名称。在打开"名称管理器"对话框中选中需要删除的名称，然后单击"删除"按钮，如图5-76所示。弹出提示对话框，单击"确定"按钮即可。

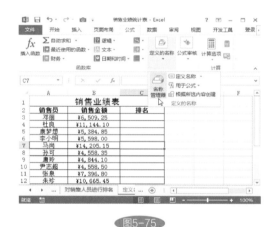

图5-75

图5-76

（3）名称的应用

定义名称之后，需要将名称应用到公式或函数中。以计算销售人员排名为例介绍定义名称的应用，具体操作步骤如下。

步骤1： 输入公式。打开"销售业绩表"工作表，选中C3单元格，输入"=RANK(B3，销售总金额)"公式，如图5-77所示。在应用名称时直接输入名称即可，省去输入单元格区域和绝对值符号。

步骤2： 向下填充公式。按Enter键执行计算，显示邓丽排名第5，然后将公式向下填充至C12单元格，如图5-78所示。

图5-77

步骤3： 查看排名效果。查看应用定义名称计算销售人员排名的结果，如图5-79所示。

图5-78

图5-79

下面介绍应用定义名称计算销售最多的品牌，在此计算函数公式中引用的都是某单元格区域，因此应用名称参与计算非常方便，具体操作步骤如下。

步骤1： 定义名称。打开"5月销售业绩统计表"工作表，选中B3：B42单元格区域，在"名称框"中输入"品牌"，按Enter键定义名称完成，如图5-80所示。

步骤2： 输入公式完成计算。选中C45单元格，输入"=INDEX(品牌,MODE(MATCH(品牌,品牌,0)))"公式，按Enter键执行计算，得到的结果为尼康，如图5-81所示。

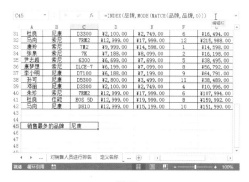

图5-80

图5-81

知识点拨： 公式中函数介绍

MATCH函数返回指定数值在指定数值区域中的位置。

语法格式：MATCH（lookup_value,lookup_array,match_type）

其中lookup_value参数是需要查找的数值；lookup_array是查找数值的连续单元格区域，必须是某一行或某一列；match_type查询的指定方式，用数字–1、0或1表示。

MODE函数返回某一数据区域中出现次数最多的数值。

语法格式：MODE（number1,number2,...）

其中number1,number2参数是用于计算的1到30个参数。

INDEX函数返回区域中的值或对值的引用，此处介绍该函数的引用功能。

语法格式：INDEX（reference,row_num,colum_num,area_num）

其中reference参数是对一个或多个单元格区域的引用；row_num是表示要引用的行数；colum_num表示要引用中的列数；area_num返回行列交叉点的引用区域。

5.2　制作员工薪酬表

员工薪酬表是每个行政人员必备的表格之一，包括员工基本信息，员工的保险、基本工资、工龄工资等。员工薪酬表由多个表格组成，如员工信息表、员工保险福利表以及个人所得税表等。

5.2.1　创建员工信息表

员工信息表是薪酬管理中的基础表格，主要记录员工基本信息，如姓名、职位、基本工资等。员工信息表是企业必不可少的表格之一。

（1）设置表格格式

首先介绍员工信息表的创建，设置单元格格式，以及使用数据验证功能等，具体操作步骤如下。

步骤1：设置表格标题和表头。创建空白工作簿并命名为"员工薪酬表"，创建空白工作表命名为"员工信息表"，输入表格的表头和标题，并设置格式，如图5-82所示。

图5-82

步骤2：设置"工号"列格式。选中A3:A32单元格区域，按Ctrl+1组合键，打开"设置单元格格式"对话框，在"分类"区域选择"自定义"选项，在"类型"文本框中输入"00#"，然后单击"确定"按钮，如图5-83所示。

步骤3：设置"部门"列的数据验证。选中"部门"列单元格区域，切换至"数据"选项卡，单击"数据工具"选项组中"数据验证"按钮，如图5-84所示。

图5-83

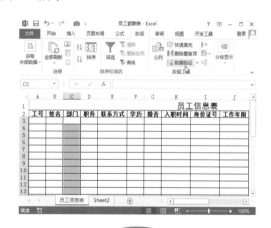

图5-84

步骤4：打开"数据验证"对话框。打开"数据验证"对话框，在"设置"选项卡中设置"允许"为"序列"，然后在"来源"文本框中输入"财务部,采购部,行政部,人事部,销售部,研发部"，单击"确定"按钮，如图5-85所示。

步骤5：设置"职务"列的数据验证。按照相同的方法设置"职务"列的数据验证，单击"确定"按钮，如图5-86所示。

图5-85

图5-86

步骤6：设置"入职时间"列的格式。选中"入职时间"列单元格区域，按Ctrl+1组合键打开"设置单元格格式"对话框，设置日期的格式，如图5-87所示。

步骤7：设置"身份证号码"列的格式。选中"身份证号码"列单元格区域，按Ctrl+1组合键打开"设置单元格格式"对话框，设置格式为文本，如图5-88所示。

图5-87

图5-88

步骤8：设置"身份证号码"列的数据验证。保持"身份证号码"列单元格区域被选中，切换至"数据"选项卡，单击"数据工具"选项组中"数据验证"按钮，如图5-89所示。

步骤9：设置文本的长度。打开"数据验证"对话框，在"设置"选项卡中，在"允许"下拉列表中选择"文本长度"，设置"数据"为"等于"，在"长度"数值框中输入18，如图5-90所示。

图5-89

步骤10 : 设置输入的信息。切换至"输入信息"选项卡，在"标题"和"输入信息"文本框中输入相关内容，如图5-91所示。

图5-90

图5-91

步骤11 : 设置出错警告。切换至"出错警告"选项卡，在"样式"列表中选择"停止"选项，在"标题"和"错误信息"文本框中输入内容，单击"确定"按钮，如图5-92所示。

步骤12 : 设置数字格式。选中K3 : N32单元格区域，切换至"开始"选项卡，在"数字"选项组中单击"数字格式"下三角按钮，在下拉列表中选择"货币"格式，如图5-93所示。

图5-92

图5-93

步骤13 : 输入员工基本信息。至此表格中的格式设置完成，然后输入员工的基本信息，查看设置格式后的效果，如图5-94所示。

（2）使用函数计算相关数据

当输入完基本的员工信息后，还需要计算一些数据，若使用函数计算可以确保准确、快速。例如计算员工的工作年限、基本工资等，具体操作步骤如下。

步骤1 : 输入计算员工工作年限公式。选中J3单元格，然后输入"=FLOOR(DAYS360(H3,

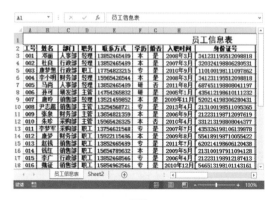

图5-94

TODAY())/365,1)"公式，如图5-95所示。

步骤2： 向下填充公式并查看计算结果。按Enter键执行计算，将公式向下填充至J32单元格，查看计算工作年限的结果，如图5-96所示。

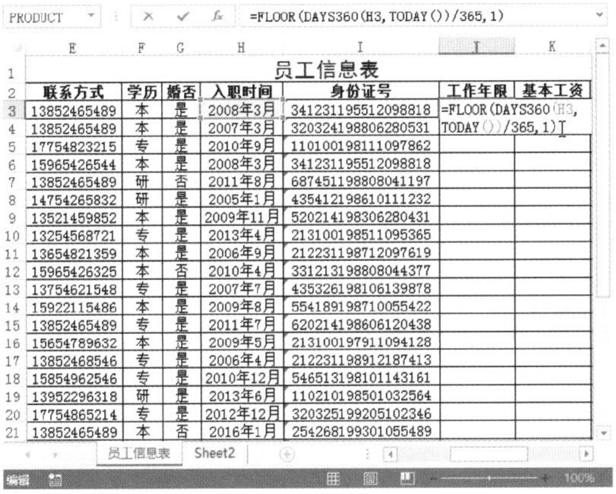

图5-95 　　　　　　　　　　　图5-96

知识点拨： 公式中函数介绍

TODAY函数返回电脑系统的当前日期。

语法格式：TODAY（）

DAYS360函数返回两个日期之间的天数。

语法格式：DAYS360（start_date,end_date,method）

其中start_date参数表示起始日期；end_date参数表示结束日期；method是逻辑值，为FALSE或省略时表示美国方法，为TRUE时表示欧洲的方法。

FLOOR函数将数字向下舍入到最接近的整数或最接近指定基数倍数的整数。

语法格式：FLOOR（number,significance）

其中number参数表示向下舍入的数值或引用单元格；significance参数表示基数。

步骤3： 输入计算员工基本工资公式。选中K3单元格，然后输入"=IF(C3="行政部",2500,IF(C3="财务部",2800,IF(C3="人事部",2300,IF(C3="销售部",2000,IF(C3="采购部",2400,IF(C3="研发部",3000))))))"公式，如图5-97所示。

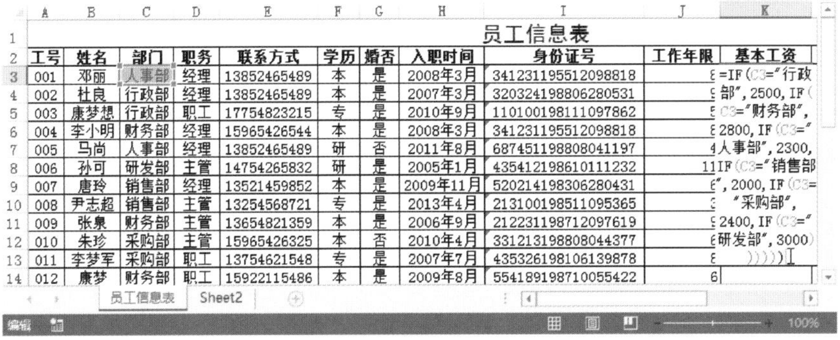

图5-97

步骤4： 向下填充公式并查看计算结果。按Enter键执行计算，将公式向下填充至K32单元格，查看计算基本工资的结果，如图5-98所示。

工号	姓名	部门	职务	联系方式	学历	婚否	入职时间	身份证号	工作年限	基本工资
001	邓丽	人事部	经理	13852465489	本	是	2008年3月	341231195512098818	8	¥2,300.00
002	杜良	行政部	经理	13852465489	本	是	2007年3月	320324198806280531	9	¥2,500.00
003	康梦想	行政部	职工	17754823215	专	是	2010年9月	110100198111097862	5	¥2,500.00
004	李小明	财务部	经理	15965426544	本	是	2008年3月	341231195512098818	8	¥2,800.00
005	马尚	人事部	经理	13852465489	研	否	2011年8月	687451198808041197	4	¥2,300.00
006	孙可	研发部	主管	14754265832	研	是	2005年1月	435412198610111232	11	¥3,000.00
007	唐玲	销售部	经理	13521459852	本	是	2009年11月	520214198306280431	6	¥2,000.00
008	尹志超	销售部	主管	13254568721	专	是	2013年4月	213100198511095365	3	¥2,000.00
009	张泉	财务部	主管	13654821359	本	是	2006年9月	212231198712097619	9	¥2,800.00
010	朱珍	采购部	主管	15965426325	本	否	2010年4月	331213198808044377	6	¥2,400.00
011	李梦军	采购部	职工	13754621548	专	是	2007年7月	435326198106139878	8	¥2,400.00
012	康梦	财务部	职工	15922115486	本	是	2009年8月	554189198710055422	6	¥2,800.00

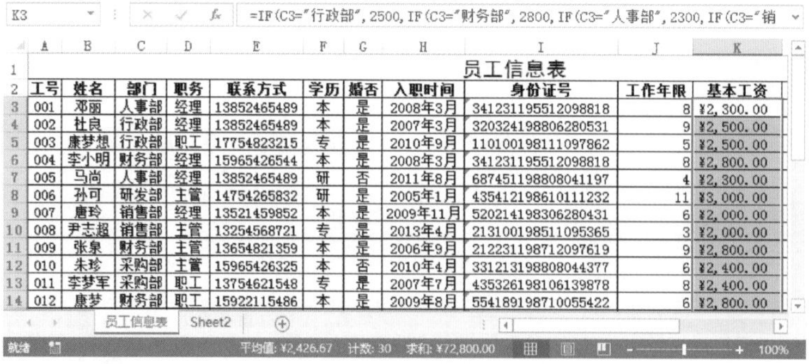

图5-98

步骤5： 输入计算员工岗位津贴公式。选中L3单元格，然后输入"=IF(D3="经理",3000,IF(D3="主管",2500,IF(D3="职工",2000,)))"公式，如图5-99所示。

部门	职务	联系方式	学历	婚否	入职时间	身份证号	工作年限	基本工资	岗位津贴
人事部	经理	13852465489	本	是	2008年3月	341231195512098818	8	¥2,300.00	
行政部	经理	13852465489	本	是	2007年3月	320324198806280531	9	¥2,500.00	
行政部	职工	17754823215	专	是	2010年9月	110100198111097862	5	¥2,500.00	
财务部	经理	15965426544	本	是	2008年3月	341231195512098818	8	¥2,800.00	
人事部	经理	13852465489	研	否	2011年8月	687451198808041197	4	¥2,300.00	
研发部	主管	14754265832	研	是	2005年1月	435412198610111232	11	¥3,000.00	
销售部	经理	13521459852	本	是	2009年11月	520214198306280431	6	¥2,000.00	
销售部	主管	13254568721	专	是	2013年4月	213100198511095365	3	¥2,000.00	
财务部	主管	13654821359	本	是	2006年9月	212231198712097619	9	¥2,800.00	
采购部	主管	15965426325	本	否	2010年4月	331213198808044377	6	¥2,400.00	
采购部	职工	13754621548	专	是	2007年7月	435326198106139878	8	¥2,400.00	
财务部	职工	15922115486	本	是	2009年8月	554189198710055422	6	¥2,800.00	

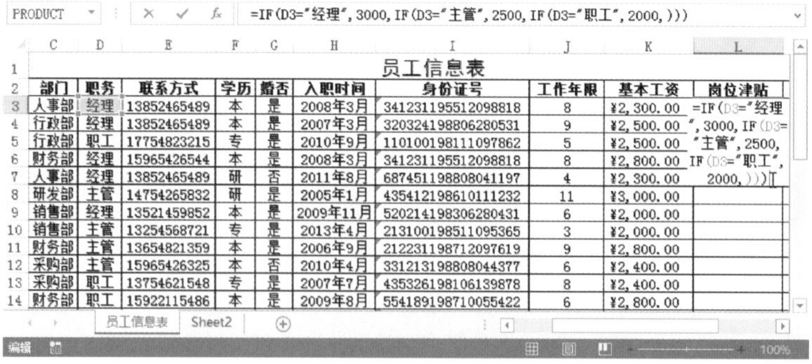

图5-99

步骤6： 向下填充公式并查看计算结果。按Enter键执行计算，将公式向下填充至L32单元格，查看计算岗位津贴的结果，如图5-100所示。

部门	职务	联系方式	学历	婚否	入职时间	身份证号	工作年限	基本工资	岗位津贴
人事部	经理	13852465489	本	是	2008年3月	341231195512098818	8	¥2,300.00	¥3,000.00
行政部	经理	13852465489	本	是	2007年3月	320324198806280531	9	¥2,500.00	¥3,000.00
行政部	职工	17754823215	专	是	2010年9月	110100198111097862	5	¥2,500.00	¥2,000.00
财务部	经理	15965426544	本	是	2008年3月	341231195512098818	8	¥2,800.00	¥3,000.00
人事部	经理	13852465489	研	否	2011年8月	687451198808041197	4	¥2,300.00	¥3,000.00
研发部	主管	14754265832	研	是	2005年1月	435412198610111232	11	¥3,000.00	¥2,500.00
销售部	经理	13521459852	本	是	2009年11月	520214198306280431	6	¥2,000.00	¥3,000.00
销售部	主管	13254568721	专	是	2013年4月	213100198511095365	3	¥2,000.00	¥2,500.00
财务部	主管	13654821359	本	是	2006年9月	212231198712097619	9	¥2,800.00	¥2,500.00
采购部	主管	15965426325	本	否	2010年4月	331213198808044377	6	¥2,400.00	¥2,500.00
采购部	职工	13754621548	专	是	2007年7月	435326198106139878	8	¥2,400.00	¥2,000.00
财务部	职工	15922115486	本	是	2009年8月	554189198710055422	6	¥2,800.	¥2,000.00

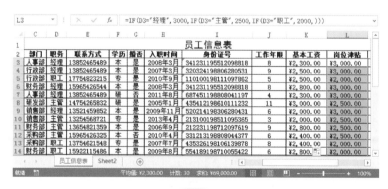

图5-100

步骤7： 输入计算员工的工龄工资公式。选中M3单元格，然后输入"=IF(J3<=5,J3*100,IF(J3>5,J3*150))"公式，如图5-101所示。

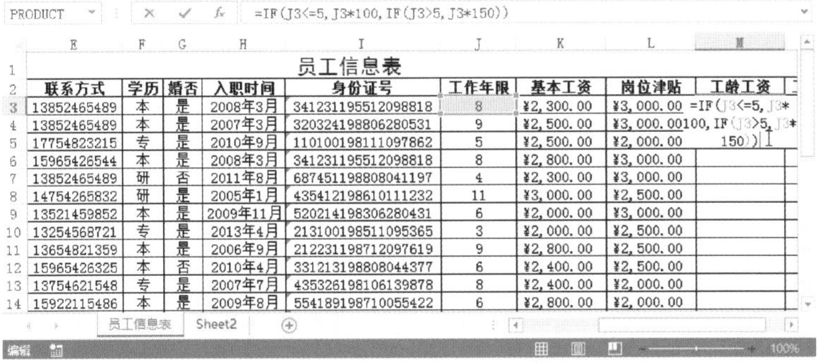

PRODUCT　=IF(J3<=5,J3*100,IF(J3>5,J3*150))

	员工信息表							
	联系方式	学历	婚否	入职时间	身份证号	工作年限	基本工资	岗位津贴	工龄工资
3	13852465489	本	是	2008年3月	341231195512098818	8	¥2,300.00	¥3,000.00	=IF(J3<=5,J3*100,IF(J3>5,J3*150))
4	13852465489	本	是	2007年3月	320324198806280531	9	¥2,500.00	¥3,000.00	
5	17754823215	专	是	2010年9月	110100198111097862	5	¥2,500.00	¥2,000.00	
6	15965426544	本	是	2008年3月	341231195512098818	8	¥2,800.00	¥3,000.00	
7	13852465489	研	否	2011年8月	687451198808041197	4	¥2,300.00	¥3,000.00	
8	14754265832	研	是	2005年1月	435412198610111232	11	¥3,000.00	¥2,500.00	
9	13521459852	本	是	2009年11月	520214198306280431	6	¥2,000.00	¥3,000.00	
10	13254568721	专	是	2013年4月	213100198511095365	3	¥2,000.00	¥2,500.00	
11	13654821359	本	是	2006年9月	212231198712097619	9	¥2,800.00	¥2,500.00	
12	15965426325	本	否	2010年4月	331213198808044377	6	¥2,400.00	¥2,500.00	
13	13754621548	专	是	2007年7月	435326198106139878	8	¥2,400.00	¥2,000.00	
14	15922115486	本	是	2009年8月	554189198710055422	6	¥2,800.00	¥2,000.00	

图5-101

步骤8： 向下填充公式并查看计算结果。按Enter键执行计算，将公式向下填充至M32单元格，查看计算工龄工资的结果，如图5-102所示。

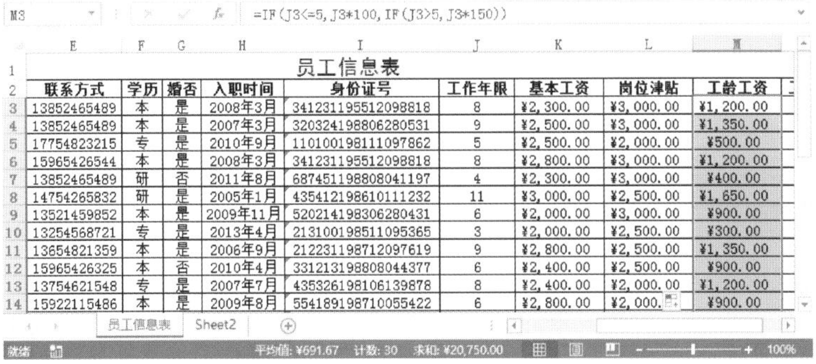

M3　=IF(J3<=5,J3*100,IF(J3>5,J3*150))

	员工信息表								
	联系方式	学历	婚否	入职时间	身份证号	工作年限	基本工资	岗位津贴	工龄工资
3	13852465489	本	是	2008年3月	341231195512098818	8	¥2,300.00	¥3,000.00	¥1,200.00
4	13852465489	本	是	2007年3月	320324198806280531	9	¥2,500.00	¥3,000.00	¥1,350.00
5	17754823215	专	是	2010年9月	110100198111097862	5	¥2,500.00	¥2,000.00	¥500.00
6	15965426544	本	是	2008年3月	341231195512098818	8	¥2,800.00	¥3,000.00	¥1,200.00
7	13852465489	研	否	2011年8月	687451198808041197	4	¥2,300.00	¥3,000.00	¥400.00
8	14754265832	研	是	2005年1月	435412198610111232	11	¥3,000.00	¥2,500.00	¥1,650.00
9	13521459852	本	是	2009年11月	520214198306280431	6	¥2,000.00	¥3,000.00	¥900.00
10	13254568721	专	是	2013年4月	213100198511095365	3	¥2,000.00	¥2,500.00	¥300.00
11	13654821359	本	是	2006年9月	212231198712097619	9	¥2,800.00	¥2,500.00	¥1,350.00
12	15965426325	本	否	2010年4月	331213198808044377	6	¥2,400.00	¥2,500.00	¥900.00
13	13754621548	专	是	2007年7月	435326198106139878	8	¥2,400.00	¥2,000.00	¥1,200.00
14	15922115486	本	是	2009年8月	554189198710055422	6	¥2,800.00	¥2,000.	¥900.00

平均值: ¥691.67　计数: 30　求和: ¥20,750.00

图5-102

知识点拨：IF函数的说明

IF函数表示根据指定的条件来判断真假，并返回相应的内容。

语法格式：IF（logical_test,value_if_true,value_if_false）

其中logical_test表示要判断的条件；value_if_true表示当满足判断的条件时返回的值；value_if_false表示不满足判断条件时返回的值。

步骤9： 输入求和函数公式。选中N3单元格，然后输入“=SUM(K3:M3)”公式，如图5-103所示。

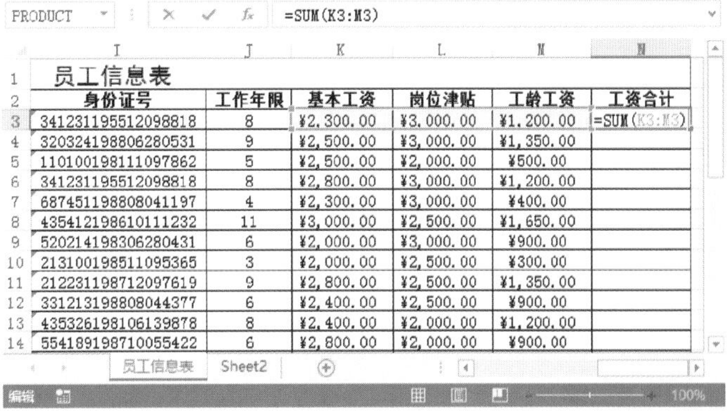

PRODUCT　=SUM(K3:M3)

	员工信息表					
	身份证号	工作年限	基本工资	岗位津贴	工龄工资	工资合计
3	341231195512098818	8	¥2,300.00	¥3,000.00	¥1,200.00	=SUM(K3:M3)
4	320324198806280531	9	¥2,500.00	¥3,000.00	¥1,350.00	
5	110100198111097862	5	¥2,500.00	¥2,000.00	¥500.00	
6	341231195512098818	8	¥2,800.00	¥3,000.00	¥1,200.00	
7	687451198808041197	4	¥2,300.00	¥3,000.00	¥400.00	
8	435412198610111232	11	¥3,000.00	¥2,500.00	¥1,650.00	
9	520214198306280431	6	¥2,000.00	¥3,000.00	¥900.00	
10	213100198511095365	3	¥2,000.00	¥2,500.00	¥300.00	
11	212231198712097619	9	¥2,800.00	¥2,500.00	¥1,350.00	
12	331213198808044377	6	¥2,400.00	¥2,500.00	¥900.00	
13	435326198106139878	8	¥2,400.00	¥2,000.00	¥1,200.00	
14	554189198710055422	6	¥2,800.00	¥2,000.00	¥900.00	

图5-103

步骤 10：向下填充公式并查看计算结果。按Enter键执行计算，将公式向下填充至N32单元格，查看计算工资合计的结果，如图5-104所示。

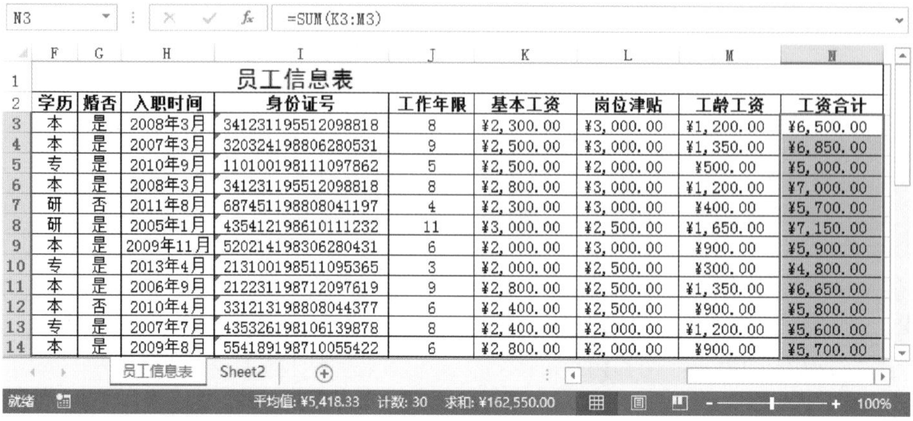

N3 =SUM(K3:M3)

学历	婚否	入职时间	身份证号	工作年限	基本工资	岗位津贴	工龄工资	工资合计
本	是	2008年3月	341231195512098818	8	¥2,300.00	¥3,000.00	¥1,200.00	¥6,500.00
本	是	2007年3月	320324198806280531	9	¥2,500.00	¥3,000.00	¥1,350.00	¥6,850.00
专	是	2010年9月	110100198111097862	5	¥2,500.00	¥2,000.00	¥500.00	¥5,000.00
本	是	2008年3月	341231195512098818	8	¥2,800.00	¥3,000.00	¥1,200.00	¥7,000.00
研	否	2011年8月	687451198808041197	4	¥2,300.00	¥3,000.00	¥400.00	¥5,700.00
研	是	2005年1月	435412198610111232	11	¥3,000.00	¥2,500.00	¥1,650.00	¥7,150.00
本	是	2009年11月	520214198306280431	6	¥2,000.00	¥3,000.00	¥900.00	¥5,900.00
专	是	2013年4月	213100198511095365	3	¥2,000.00	¥2,500.00	¥300.00	¥4,800.00
本	是	2006年9月	212231198712097619	9	¥2,800.00	¥2,500.00	¥1,350.00	¥6,650.00
本	否	2010年4月	331213198808044377	6	¥2,400.00	¥2,500.00	¥900.00	¥5,800.00
专	是	2007年7月	435326198106139878	8	¥2,400.00	¥2,000.00	¥1,200.00	¥5,600.00
本	是	2009年8月	554189198710055422	6	¥2,800.00	¥2,000.00	¥900.00	¥5,700.00

平均值: ¥5,418.33 计数: 30 求和: ¥162,550.00

图5-104

知识点拨：SUM函数的说明

SUM函数返回某单元格区域内的数字、逻辑值以及数字的文本表达式之和。

语法格式：SUM（number1,number2,...）

其中number1,number2表示1到254个需要求和的参数。

身份证号码会提供很多信息，如人的性别和年龄等，那么可以通过函数来计算出来，具体操作步骤如下。

步骤 1：计算员工的性别。打开“员工薪酬表”工作簿，切换至“员工基本信息”工作表，选中C3单元格，然后输入“=IF(MOD(MID(F3,17,1),2)=1,"男","女")”公式，如图5-105所示。

现在身份证号码都是18位的，第17位为奇数时则性别为男，为偶数时则为女。

步骤 2：向下填充公式并查看计算结果。按Enter键执行计算，将公式向下填充至C32单元格，查看员工性别结果，如图5-106所示。

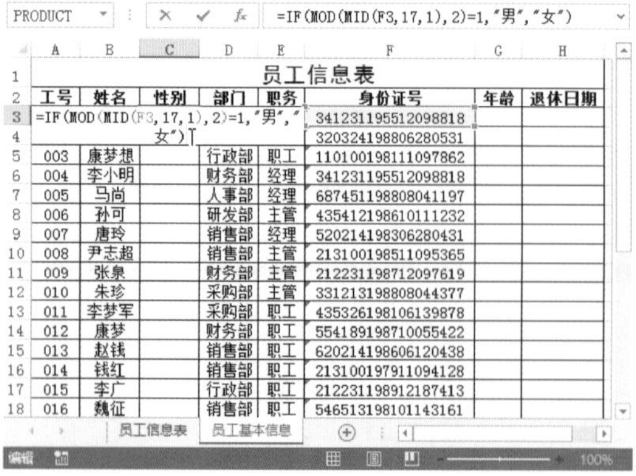

PRODUCT =IF(MOD(MID(F3,17,1),2)=1,"男","女")

工号	姓名	性别	部门	职务	身份证号	年龄	退休日期
=IF(MOD(MID(F3,17,1),2)=1,"男","女")					341231195512098818		
					320324198806280531		
003	康梦想		行政部	职工	110100198111097862		
004	李小明		财务部	经理	341231195512098818		
005	马尚		人事部	经理	687451198808041197		
006	孙可		研发部	主管	435412198610111232		
007	唐玲		销售部	经理	520214198306280431		
008	尹志超		销售部	主管	213100198511095365		
009	张泉		财务部	主管	212231198712097619		
010	朱珍		采购部	主管	331213198808044377		
011	李梦军		采购部	职工	435326198106139878		
012	康梦		财务部	职工	554189198710055422		
013	赵钱		销售部	职工	620214198606120438		
014	钱红		销售部	职工	213100197911094128		
015	李广		行政部	职工	212231198912187413		
016	魏征		销售部	职工	546513198101143161		

图5-105

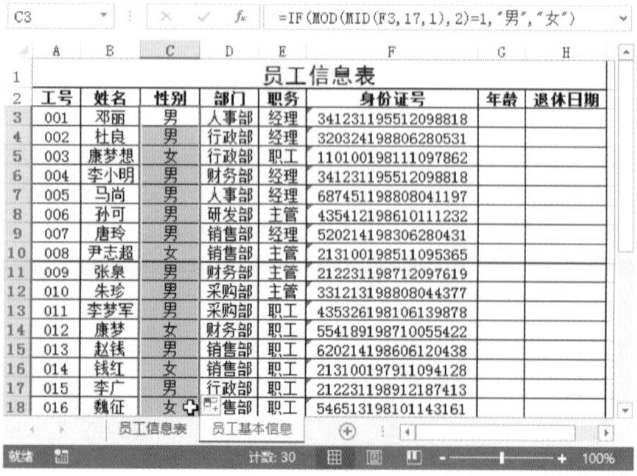

C3 =IF(MOD(MID(F3,17,1),2)=1,"男","女")

工号	姓名	性别	部门	职务	身份证号	年龄	退休日期
001	邓丽	男	人事部	经理	341231195512098818		
002	杜良	男	行政部	经理	320324198806280531		
003	康梦想	女	行政部	职工	110100198111097862		
004	李小明	男	财务部	经理	341231195512098818		
005	马尚	男	人事部	经理	687451198808041197		
006	孙可	男	研发部	主管	435412198610111232		
007	唐玲	男	销售部	经理	520214198306280431		
008	尹志超	女	销售部	主管	213100198511095365		
009	张泉	男	财务部	主管	212231198712097619		
010	朱珍	男	采购部	主管	331213198808044377		
011	李梦军	男	采购部	职工	435326198106139878		
012	康梦	女	财务部	职工	554189198710055422		
013	赵钱	男	销售部	职工	620214198606120438		
014	钱红	女	销售部	职工	213100197911094128		
015	李广	男	行政部	职工	212231198912187413		
016	魏征	女	销售部	职工	546513198101143161		

图5-106

知识点拨： 公式中函数介绍

MID函数是从一个字符串中截取指定数量的字符。

语法格式：MID（text,start_num,num_chars）

其中text表示被截取的字符；start_num从左起第几位开始截取；num_chars从左起向右截取的长度是多少。

MOD函数是一个求余函数。

语法格式：MOD（number,divisor）

其中number表示被除数；divisor表示除数。

步骤3： 计算员工的年龄。选中G3单元格，然后输入"=YEAR(TODAY())-VALUE (MID(F3,7,4))"公式，如图5-107所示。

步骤4： 向下填充公式并查看计算结果。按Enter键执行计算，将公式向下填充至G32单元格，查看计算员工年龄的结果，如图5-108所示。

图5-107

图5-108

 知识点拨： 公式中函数介绍

VALUE函数是将代表数字的文本字符串转换成数字。

语法格式：VALUE（text）

其中text是必需的，带引号的文本或对包含要转换文本的单元格的引用。

YEAR函数将系列数转换为年。

语法格式：YEAR（serial_number）

其中serial_number为一个日期值，其中包含要查找的年份。

步骤5： 计算员工的退休日期。选中H3单元格，然后输入"=DATE(VALUE(MID(F3,7,4))+(C3="男")*5+55,VALUE(MID(F3,11,2)),VALUE(MID(F3,13,2))-1)"公式，如图5-109所示。计算员工退休日期是以男的60岁，女的55岁作为退休年龄标准的。

步骤6： 向下填充公式并查看计算结果。按Enter键执行计算，将公式向下填充至H32单元格，查看计算员工退休日期的结果，如图5-110所示。

图5-109

图5-110

 知识点拨： 公式中函数介绍

DATE函数是返回任意一个日期的序列号。

语法格式：DATE（year,month,day）

其中year参数可以包含1到4位数字；month参数为一个正整数或负整数，表示1年中1月到12月的月份；day参数为一个正整数或负整数，表示从1日到31日的天数。

5.2.2 创建员工薪酬表

以上介绍的表格都是为了创建员工薪酬表服务的，制作完整美观的表格，可以让工作更轻松。下面介绍其具体操作步骤。

步骤1： 构建表格的框架。打开"员工薪酬表"工作簿，创建新工作表并命名为"员工薪酬表"，创建表格的框架并设置相应的单元格格式，如图5-111所示。

图5-111

步骤2： 引用外部工作表中的数据。选中A3单元格，输入"="，然后切换至"员工保险福利表"工作表中选中A3单元格，按Enter键确认，如图5-112所示。

步骤3： 填充公式并查看计算结果。将公式向右填充至E3单元格，然后再向下填充至E32单元格，查看引用数据的结果，如图5-113所示。

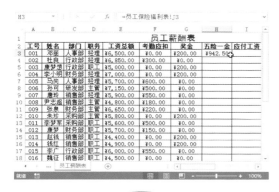
图5-112

图5-113

步骤4： 输入数据。根据实际员工出勤情况和奖金如实地输入相关数据，选中H3单元格，引用"员工保险福利表"中J3单元格内的数据，如图5-114所示。

步骤5： 输入公式计算应付工资。选中I3单元格，并输入"=E3-F3+G3-H3"公式，按Enter键执行计算，如图5-115所示。

图5-114

图5-115

步骤6： 输入计算个税公式。在M1：Q11单元格区域创建"个人所得税税率表"，选中J3单元格，输入"=IF(I3>3500,I3-3500,0)*VLOOKUP(I3-3500,$N$4:$Q$11,3,TRUE)-VLOOKUP (I3-3500,$N$4:$Q$11,4,TRUE)"公式，按Enter键执行计算，如图5-116所示。

步骤7： 输入公式。选中J3单元格，输入"=I3-J3"公式，按Enter键，如图5-117所示。

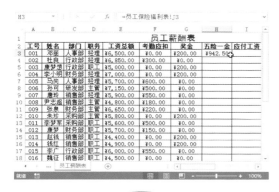
图5-116

图5-117

知识点拨： VLOOKUP函数说明

VLOOKUP函数是按列进行查找，最终返回该列所需查询列序号所对应的值。

语法格式：VLOOKUP（lookup_value,table_array,col_index_num,range_lookup）

其中lookup_value为要查找的值；table_array为需要查找的区域；col_index_num为返回数据在区域的第几列；range_lookup为模糊匹配。

步骤8： 填充公式并查看结果。选中H3：K3单元格区域将公式填充至K32单元格，薪酬表创建完成，查看最终效果，如图5-118所示。

工号	姓名	部门	职务	工资总额	考勤应扣	奖金	五险一金	应付工资	扣个税	实发工资
001	邓丽	人事部	经理	¥6,500.00	¥0.00	¥200.00	¥942.50	¥5,757.50	¥120.75	¥5,636.75
002	杜良	行政部	经理	¥6,850.00	¥300.00	¥0.00	¥993.25	¥5,556.75	¥100.68	¥5,456.08
003	康梦想	行政部	职工	¥5,000.00	¥0.00	¥200.00	¥725.00	¥4,475.00	¥29.25	¥4,445.75
004	李小明	财务部	经理	¥7,000.00	¥0.00	¥200.00	¥1,015.00	¥6,185.00	¥163.50	¥6,021.50
005	马尚	人事部	经理	¥5,700.00	¥600.00	¥0.00	¥826.50	¥4,273.50	¥23.21	¥4,250.30
006	孙可	研发部	主管	¥7,150.00	¥500.00	¥0.00	¥1,036.75	¥5,613.25	¥106.33	¥5,506.93
007	唐玲	销售部	经理	¥5,900.00	¥550.00	¥0.00	¥855.50	¥4,494.50	¥29.84	¥4,464.67
008	尹志超	销售部	主管	¥4,800.00	¥180.00	¥0.00	¥696.00	¥3,924.00	¥12.72	¥3,911.28
009	张泉	财务部	主管	¥6,650.00	¥220.00	¥0.00	¥964.25	¥5,465.75	¥91.58	¥5,374.18
010	朱珍	采购部	主管	¥5,800.00	¥0.00	¥200.00	¥841.00	¥5,159.00	¥60.90	¥5,098.10
011	李梦军	采购部	职工	¥5,600.00	¥500.00	¥0.00	¥812.00	¥4,288.00	¥23.64	¥4,264.36
012	康梦	财务部	职工	¥5,700.00	¥150.00	¥0.00	¥826.50	¥4,723.50	¥36.71	¥4,686.80

图5-118

5.2.3 制作工资条

制作工资条是财务人员的一项重要工作，如果逐个填写或录入工资条，不但浪费大量时间而且还比较繁琐，下面介绍利用函数制作工资条的方法，具体操作步骤如下。

步骤1： 构建表格的框架。打开"员工薪酬表"工作簿，创建新工作表并命名为"工资条"，创建表格的框架并设置相应的单元格格式，如图5-119所示。

图5-119

步骤2： 输入公式。选中A3单元格，输入员工工号001，然后选中B3单元格，输入"=VLOOKUP($A3,员工薪酬表!$A$3:$K$32,COLUMN(),0)"公式，按Enter键执行计算，如图5-120所示。

步骤3： 向右填充公式。选中B3单元格并将公式向右填充至K3单元格，如图5-121所示。

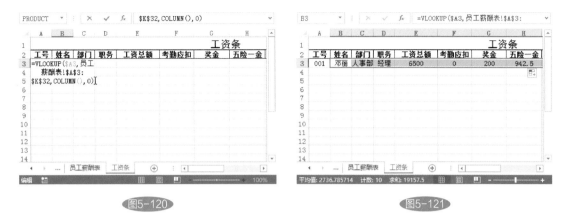

图5-120　　　　　　　　　　　　　图5-121

步骤4：完成工资条的制作。选中A1：L4单元格区域，将光标移至右下角，当光标变为十字时按住鼠标左键向下拖动直至显示所有员工信息，如图5-122所示。

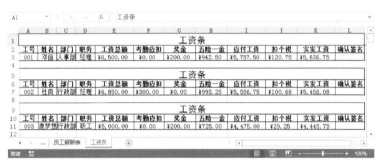

图5-122

第6章

数据的分析与处理

本章概述

　　Excel之所以强大，除了具有函数功能外还具有强大的数据分析功能。在工作中，经常需要接触大量的统计数据，而在浩瀚的数据中，通过Excel提供的数据管理功能，可以大大简化分析与处理复杂数据的工作。数据分析是Excel中的核心功能，能够帮助用户科学地分析数据并做出最佳选择。

　　本章主要介绍数据的分析与处理，包括数据排序、筛选、条件格式、分类汇总和合并计算功能的具体应用。

知识点一览

排序功能

自定义筛选条件

高级筛选操作

创建、删除和复制分类汇总

分类汇总的应用

复杂的合并计算

编辑合并计算的源区域

创造条件格式

管理条件格式

6.1 制作产品质量检验报表

产品质量检验是每个厂家必做的工作，也能反映商品的合格率以及员工的工作能力。本节通过制作产品质量检验报表来介绍排序的相关知识，熟练使用排序功能可以快速排序数据，更轻松地完成工作。

6.1.1 一键排序

一键排序只能对某一列进行升序或降序排列，排列的数据可以是数字或文本。在产品质量检验报表中对抽检产品数量按升序排列，具体操作步骤如下。

步骤1：设置"抽检数量"的排序方式为升序。打开"产品质量检验报表"工作表，选中"抽检数量"列中任意单元格，切换至"数据"选项卡，单击"排序和筛选"选项组中"升序"按钮，如图6-1所示。

步骤2：查看按升序排序后的效果。返回工作表中查看排序后的效果，如图6-2所示。

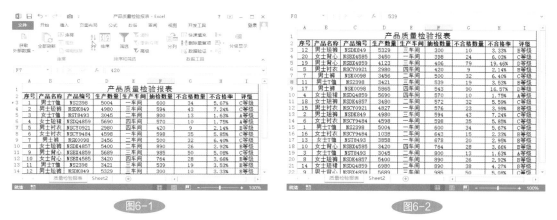

图6-1

图6-2

从结果可以发现"抽检数量"列按升序排列了，但是第一行的"序号"列也发生了变化，就显得比较乱。下面介绍如何保证"序号"列顺序不变，"抽检数量"列按升序排列，具体操作步骤如下。

步骤1：选择排序的单元格区域。打开工作表，选中B3：I22单元格区域，即除了"序号"列所有表格内容区域，如图6-3所示。

步骤2：打开"排序"对话框。切换至"数据"选项卡，单击"排序和筛选"选项组中"排序"按钮，如图6-4所示。

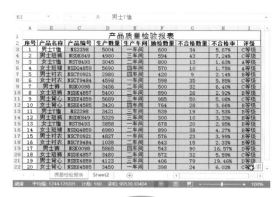

图6-3

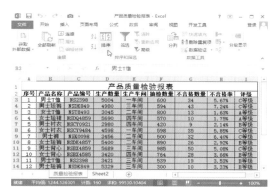

图6-4

步骤3：设置排序条件。打开"排序"对话框，单击"主要关键字"右侧下三角按钮，选择"抽检数量"选项，设置"次序"为"升序"，如图6-5所示。

步骤4：查看排序效果。单击"确定"按钮，返回工作表可见序号没有发生变化，而抽检数量按升序排序，如图6-6所示。

图6-5

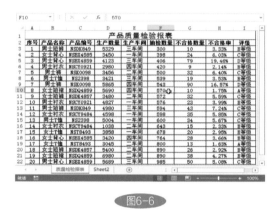

图6-6

6.1.2 按笔划排序

在默认情况下，对汉字排序是按照拼音顺序排序的，但在特殊情况下要求按笔划排序。例如在产品质量检验报表中按照生产车间的笔划顺序进行排序，具体操作步骤如下。

步骤1：打开"排序"对话框。打开"产品质量检验报表"工作表，选择任意单元格，切换至"数据"选项卡，单击"排序和筛选"选项组中的"排序"按钮，如图6-7所示。

步骤2：设置排序方式。打开"排序"对话框，单击"主要关键字"右侧下三角按钮，选择"生产车间"选项，设置"次序"为"升序"，单击"选项"按钮，如图6-8所示。

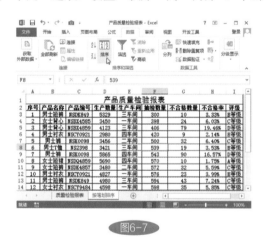

图6-7

图6-8

注意事项： 笔划排序的规则

Excel默认情况按笔划排序的规则是，按姓的笔划数进行排序，若笔划数相同则按起笔顺序排列，即横、竖、撇、捺、折；笔划数和笔形都相同的字，按字形结构排列，即先左右，再上下，最后整体结构。如果是同姓，则按姓名的第二、第三个字进行排序。

步骤3：设置笔划排序方式。打开"排序选项"对话框，在"方法"区域中选择"笔划排序"单选按钮，然后单击"确定"按钮，如图6-9所示。

步骤4：查看计算结果。返回"排序"对话框中，单击"确定"按钮，返回工作表中查看按笔划排序后的效果，如图6-10所示。

图6-9

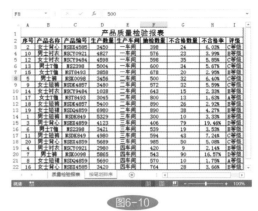

图6-10

知识点拨： 按行排序

Excel默认情况是按列排序的，如果需要按行排序，只需在"排序选项"对话框中选择"按行排序"单选按钮即可。

6.1.3 多条件排序

如果需要对两个或两个以上的关键字进行排序，可以在"排序"对话框中实现，其中需要注意关键字的顺序不同，则排序的结果也不同。

在"产品质量检验报表"工作表中，生产数量按升序排序，生产车间按笔划的升序排序，不合格数量按降序排序，其中生产车间是主要关键字，具体操作步骤如下。

步骤1：打开"排序"对话框。打开"产品质量检验报表"工作表，选中表格内任意单元格，然后切换至"数据"选项卡，在"排序和筛选"选项组中，单击"排序"按钮，如图6-11所示。

步骤2：设置排序方式。打开"排序"对话框，单击"主要关键字"右侧下三角按钮，选择"生产车间"选项，单击"次序"右侧下三角按钮，选择"升序"选项，单击"选项"按钮，如图6-12所示。

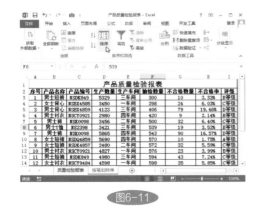

图6-11

图6-12

步骤3：设置笔划排序方式。打开"排序选项"对话框，在"方法"区域中选择"笔划排序"单选按钮，然后单击"确定"按钮，如图6-13所示。

步骤4：添加排序的条件。返回"排序"对话框中，单击"添加条件"按钮，在"次要关键字"的列表中选择"生产数量"选项，设置"次序"为"升序"，如图6-14所示。

图6-13

图6-14

步骤5：添加排序的条件。再次单击"添加条件"按钮，在"次要关键字"的列表中选择"不合格数量"选项，设置"次序"为"降序"，如图6-15所示。

步骤6：查看多条件排序效果。单击"确定"按钮，返回工作表中，查看多条件排序后的结果，如图6-16所示。

图6-15

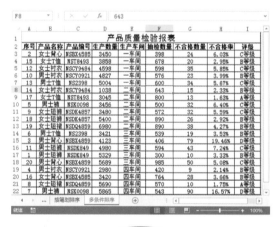

图6-16

知识点拨： 设置次要关键字的顺序

如查排序的关键字比较多，需要调整关键字排序的位置时，只要在"排序"对话框中，选择某关键字，然后单击"上移"或"下移"按钮即可，如图6-17所示。

图6-17

6.1.4 自定义排序

自定义排序就是根据不同需求对数据进行排序，自定义排序是没有规律可寻的。自定义排序在"排序"对话框中实现。

在"产品质量检验报表"工作表中，生产车间按照"三车间、一车间、四车间和二车间"进行排序，具体操作步骤如下。

步骤1： 打开"排序"对话框。打开"产品质量检验报表"工作表，选中表格内任意单元格，然后切换至"数据"选项卡，在"排序和筛选"选项组中，单击"排序"按钮，如图6-18所示。

步骤2： 设置排序方式。打开"排序"对话框，单击"主要关键字"右侧下三角按钮，选择"生产车间"选项，单击"次序"右侧下三角按钮，在列表中选择"自定义序列"选项，如图6-19所示。

图6-18

图6-19

步骤3： 设置自定义排序。弹出"自定义序列"对话框，在"输入序列"文本框中输入"三车间,一车间,四车间,二车间"文本，然后单击"添加"按钮，如图6-20所示。

步骤4： 查看自定义排序的效果。依次单击"确定"按钮，返回工作表中查看自定义排序的效果，如图6-21所示。

图6-20

图6-21

6.1.5 按颜色排序

如果单元格有底纹，用户还可以按照底纹的颜色进行排序。在"排序"对话框中通过设置"排序依据"即可。排序依据包括数值、单元格颜色、字体颜色和单元格图标。

例如在"产品质量检验报表"中，为"评级"列按颜色进行排序，对无底纹颜色的按升序排序，具体操作步骤如下。

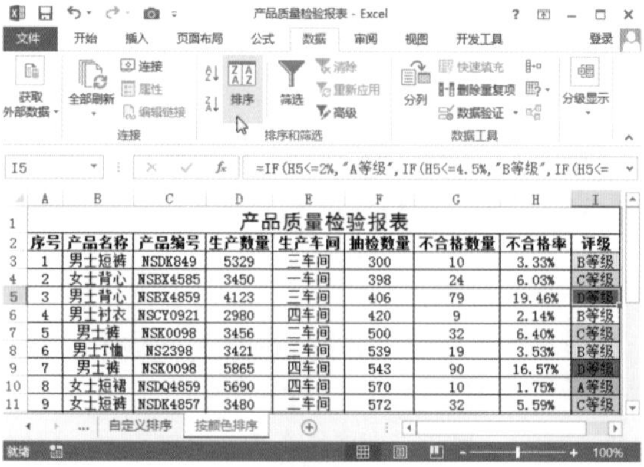

步骤1： 打开"排序"对话框。打开"产品质量检验报表"工作表，选中表格内任意单元格，切换至"数据"选项卡，单击"排序和筛选"选项组中"排序"按钮，如图6-22所示。

图6-22

步骤2： 设置浅绿色排第一位。打开"排序"对话框，设置"主要关键字"为"评级"，"排序依据"为"单元格颜色"，在"次序"列表中选择浅绿色，如图6-23所示。

步骤3： 设置其他颜色的排序。单击"添加条件"按钮，依次设置颜色的排序顺序，如图6-24所示。

图6-23

图6-24

步骤4： 设置无颜色底纹的排序方式。再次单击"添加条件"按钮，设置无颜色底纹的排序方式为升序，如图6-25所示。

步骤5： 查看按颜色排序效果。单击"确定"按钮，返回工作表中，查看按颜色排序后的效果，如图6-26所示。

图6-25

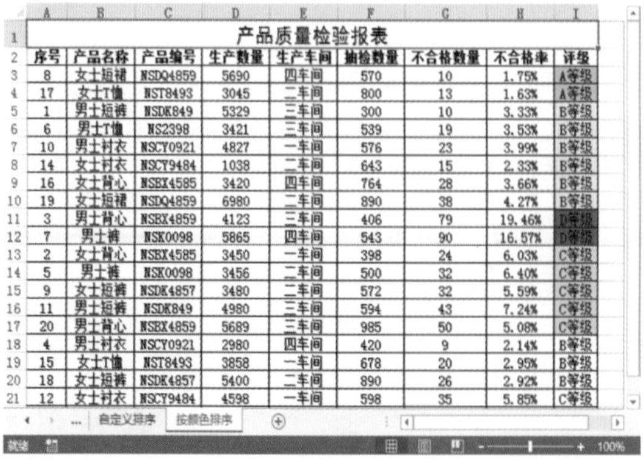

图6-26

6.2 制作固定资产表

固定资产是指企业为生产产品或提供劳务等而持有的，使用时间超过一定规定的非货币性资产。它的种类和数量都不相同也不固定，所以企业对固定资产进行系统的管理，需要制作能够完整显示固定资产信息的表格。

6.2.1 快速筛选资产信息

在管理数据时，经常会遇到需要查看某条件下的数据，这就需要使用筛选功能。在筛选区域仅显示满足条件的信息，其余的内容均被隐藏起来。

例如在"固定资产表"工作表中，需要筛选出所有销售部和财务部在用的固定资产相关信息，具体操作步骤如下。

步骤1： 使用工作表进入筛选模式。打开"固定资产表"工作表，切换至"数据"选项卡，单击"排序和筛选"选项组中"筛选"按钮，如图6-27所示。

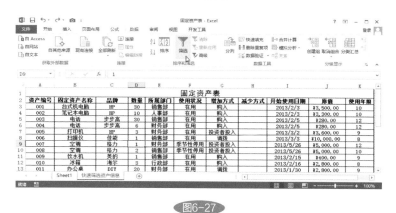

图6-27

步骤2： 设置筛选部门的条件。单击"所属部门"右侧下三角按钮，在下拉列表中勾选"财务部"和"销售部"复选框，然后单击"确定"按钮，如图6-28所示。

步骤3： 设置使用状况的筛选条件。单击"使用状况"右侧下三角按钮，在下拉列表中勾选"在用"复选框，然后单击"确定"按钮，如图6-29所示。

图6-28

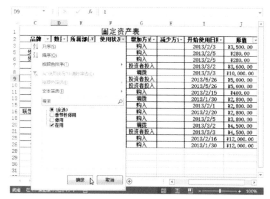

图6-29

步骤4： 查看筛选后的效果。返回工作表中查看筛选出来的数据，所有不符合条件的数据均被隐藏起来，如图6-30所示。

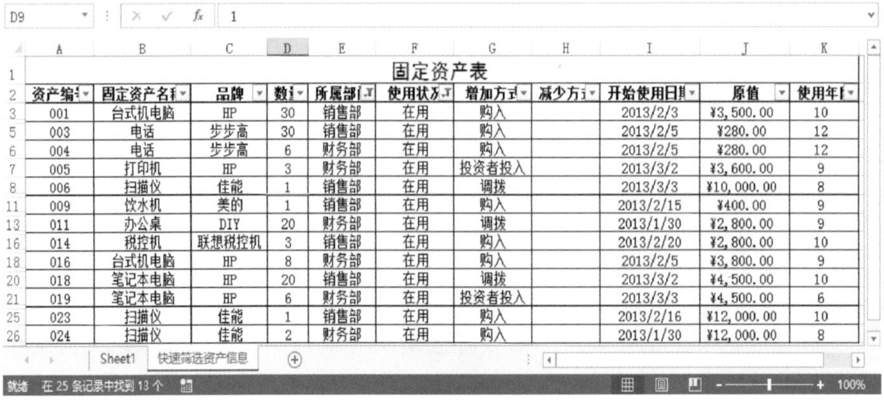

	A	B	C	D	E	F	G	H	I	J	K
1	固定资产表										
2	资产编	固定资产名	品牌	数	所属部门	使用状况	增加方式	减少方	开始使用日期	原值	使用年
3	001	台式机电脑	HP	30	销售部	在用	购入		2013/2/3	¥3,500.00	10
5	003	电话	步步高	30	销售部	在用	购入		2013/2/5	¥280.00	12
6	004	电话	步步高	6	财务部	在用	购入		2013/2/5	¥280.00	12
7	005	打印机	HP	3	财务部	在用	投资者投入		2013/3/2	¥3,600.00	9
8	006	扫描仪	佳能	1	销售部	在用	调拨		2013/3/3	¥10,000.00	8
11	009	饮水机	美的	1	销售部	在用	购入		2013/2/15	¥400.00	9
13	011	办公桌	DIY	20	财务部	在用	调拨		2013/1/30	¥2,800.00	9
16	014	税控机	联想税控机	3	销售部	在用	购入		2013/2/20	¥2,800.00	10
18	016	台式机电脑	HP	8	财务部	在用	购入		2013/2/5	¥3,800.00	9
20	018	笔记本电脑	HP	20	销售部	在用	调拨		2013/3/2	¥4,500.00	10
21	019	笔记本电脑	HP	6	财务部	在用	投资者投入		2013/3/3	¥4,500.00	6
25	023	扫描仪	佳能	1	销售部	在用	购入		2013/2/16	¥12,000.00	10
26	024	扫描仪	佳能	2	财务部	在用	购入		2013/1/30	¥12,000.00	8

图6-30

知识点拨：进入筛选模式的方法

进入筛选模式的方法很多，除了本节介绍的常规方法外还有其他几种方法。

① 选中单元格区域后，操作顺序为“开始>编辑>排序和筛选>筛选”。

② 右击报表中的单元格，从快捷菜单中选择“筛选>按所选单元格的值筛选”。

③ 选中报表中的任意单元格，按下组合键Ctrl+Shift+L进入筛选模式。

6.2.2 取消筛选条件

查看筛选的数据后，需要将隐藏的数据显示出来，只需清除筛选条件即可。在“固定资产表”中取消对部门和使用状况的筛选，具体操作步骤如下。

步骤1： 清除筛选条件。打开“固定资产表”工作表，切换至“数据”选项卡，单击“排序和筛选”选项组中“清除”按钮，如图6-31所示。

步骤2： 清除筛选条件的效果。返回工作表，筛选条件已经被清除，如图6-32所示。

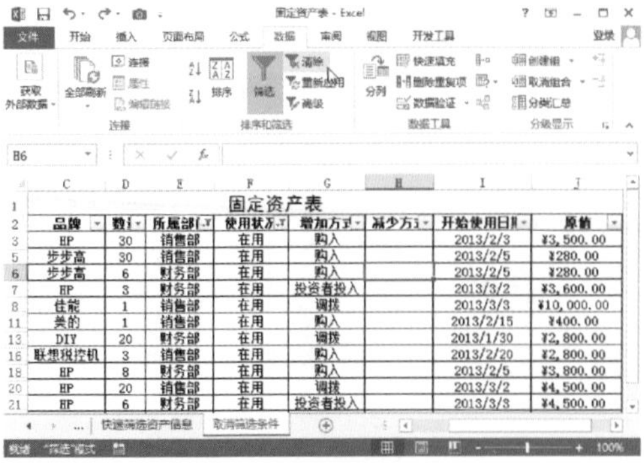

图6-31

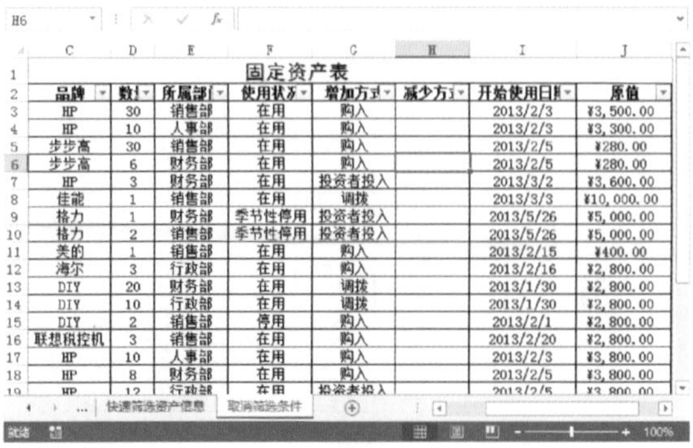

图6-32

知识点拨： 取消筛选的方法

除了本节介绍的取消筛选条件的方法外，还有以下几种方法。

① 选中表格内任意单元格，执行"开始>编辑>排序和筛选>清除"操作。

② 选中需要取消筛选列中的任意单元格，单击鼠标右键，在快捷菜单中选择"筛选>从'筛选名称'清除筛选"命令。

③ 单击需要取消筛选列右侧的筛选按钮，在下拉列表中选择"从'筛选名称'中清除筛选"选项。

6.2.3 自定义条件筛选

自定义条件筛选是根据不同需求而筛选出满足条件的内容。它会根据筛选的格式不同所筛选的条件也不同。下面将分别介绍数字筛选、日期筛选和文本筛选等等。

（1）数字筛选

数字筛选主要是针对数值和货币格式进行筛选的，如在"固定资产表"中，筛选数量在10和20之间的固定资产信息，具体操作步骤如下。

步骤1： 选择数字筛选的选项。打开"固定资产表"工作表，选中表格内任意单元格，按Ctrl+Shift+L组合键进入筛选模式，单击"数量"右侧筛选按钮，选择"数据筛选>介于"选项，如图6-33所示。

步骤2： 设置数字筛选的条件。打开"自定义自动筛选方式"对话框，设置筛选的条件，单击"确定"按钮，如图6-34所示。

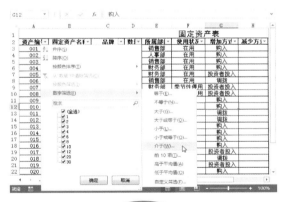

图6-33

图6-34

步骤3： 查看筛选的结果。返回工作表中，查看筛选数量在10和20之间的固定资产信息，如图6-35所示。

图6-35

注意事项： "与"和"或"的区别

在"自定义自动筛选方式"对话框中，有"与"和"或"两个单选按钮。其中"与"表示筛选后的数据必须满足这两种条件；"或"表示筛选后的数据只需要满足两种条件中的任何一种即可。根据实际的需要恰当选择"与"和"或"。

在"数字筛选"的下拉列表中显示很多选项，根据不同的需求选择不同的选项，如筛选出数量最少5项的数据信息，具体操作步骤如下。

步骤1： 选择数字筛选的选项。单击"数量"右侧筛选按钮，选择"数据筛选>前10项"选项，如图6-36所示。

步骤2： 设置数字筛选的条件。打开"自动筛选前10个"对话框，设置筛选的条件，单击"确定"按钮，如图6-37所示。

图6-36

图6-37

步骤3： 查看筛选的结果。返回工作表中，查看筛选后的效果，如图6-38所示。

图6-38

（2）日期筛选

日期筛选的对象是日期，如在"固定资产表"中，筛选开始使用日期在2013年2月20日之后的固定资产信息，具体操作步骤如下。

步骤1： 选择日期筛选的选项。单击"开始使用日期"右侧筛选按钮，在下拉列表中选择"日期筛选>之后"选项，如图6-39所示。

步骤2： 设置日期筛选的条件。打开"自定义自动筛选方式"对话框，设置日期筛选的条件，如图6-40所示。

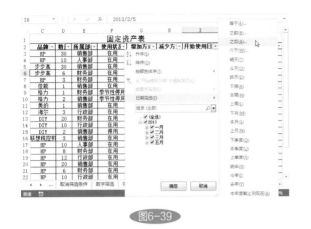

图6-39 图6-40

步骤3： 查看日期筛选的结果。单击"确定"按钮，查看筛选2013年2月20日之后使用的固定资产信息，如图6-41所示。

图6-41

（3）文本筛选

文本筛选可以使用通配符进行模糊筛选，但在筛选的条件中必须有共同的字符。

例如在"固定资产表"中，筛选出固定资产的名称包含"电脑"的所有数据信息，具体操作步骤如下。

步骤1： 进入筛选模式。打开"固定资产表"工作表，切换至"数据"选项卡，单击"排序和筛选"选项组"筛选"按钮，如图6-42所示。

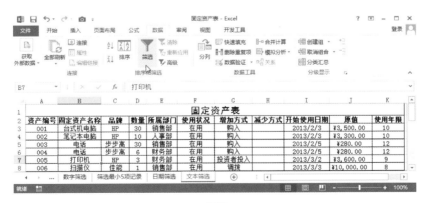

图6-42

步骤2：选择"文本筛选"选项。单击"固定资产名称"右侧筛选按钮，在下拉列表中选择"文本筛选>等于"选项，如图6-43所示。

步骤3：设置文本筛选的条件。打开"自定义自动筛选方式"对话框，在"等于"右侧文本框中输入"＊电脑"文本，如图6-44所示。

图6-43

图6-44

步骤4：查看文本筛选的结果。单击"确定"按钮，查看文本筛选的结果，如图6-45所示。

图6-45

 注意事项： 通配符的适用范围

通配符只适用文本型的数据，对数值型和日期型的数据无效。

（4）按颜色筛选

当单元格内有底纹颜色时，用户也可以对底纹进行筛选。例如在"固定资产表"中，为"增加方式"添加底纹，并筛选出黄色底纹的信息，具体操作步骤如下。

步骤1：添加底纹颜色并进入筛选模式。打开"固定资产表"工作表，为"增加方式"列添加底纹，并按Ctrl+Shift+L组合键，进入筛选模式，如图6-46所示。

步骤2：设置颜色筛选的条件。单击"增加方式"右侧筛选按钮，在"按颜色筛选"的列表中选择黄色色块，如图6-47所示。

图6-46　　　　　　　　　　　　　　图6-47

步骤3：查看按颜色筛选的结果。查看按颜色筛选的结果，如图6-48所示。

图6-48

6.2.4　高级筛选操作

如果对数据筛选的条件比较多，可以使用高级筛选来实现。高级筛选不但包含了上一小节介绍的筛选功能，还可以对更复杂的条件进行筛选。本小节主要介绍高级筛选中的"与"和"或"的关系。

（1）高级筛选中的"与"关系

高级筛选中的"与"关系和上一小节介绍一样，表示筛选出满足全部条件的数据。下面以"固定资产表"工作表为例介绍"与"关系，具体操作步骤如下。

步骤1：输入高级筛选的条件。打开"固定资产表"工作表，在A29：K30单元格区域输入筛选的条件，把所有的条件输入在一行，表示各条件之间是"与"关系，如图6-49所示。

图6-49

步骤2： 打开"高级筛选"对话框。切换至"数据"选项卡，单击"排序和筛选"选项组中"高级"按钮，如图6-50所示。

步骤3： 设置"列表区域"范围。打开"高级筛选"对话框，单击"列表区域"右侧折叠按钮，在工作表中选中A2：K27单元格区域，如图6-51所示。

步骤4： 选择筛选条件区域。单击"条件区域"右侧折叠按钮，返回工作表中选择条件区域，然后单击"确定"按钮，如图6-52所示。

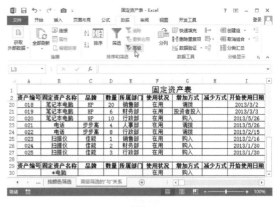

图6-50

图6-51

图6-52

步骤5： 查看筛选结果。返回工作表查看高级筛选"与"关系的筛选结果，如图6-53所示。

图6-53

（2）高级筛选中的"或"关系

高级筛选中的"或"关系和上一小节介绍一样，表示筛选出满足全部条件的数据。下面以"固定资产表"工作表为例介绍"或"关系，具体操作步骤如下。

步骤1： 输入高级筛选的条件。打开"固定资产表"，在A29：K32单元格区域中输入筛选的条件，把所有的条件输入在不同的行，表示各条件之间是"或"关系，如图6-54所示。

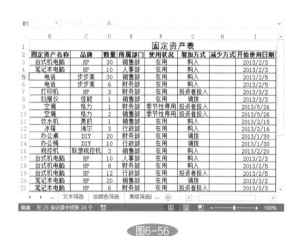

图6-54

步骤2：打开"高级筛选"对话框。根据上述方法打开"高级筛选"对话框，分别设置"列表区域"和"条件区域"范围，单击"确定"按钮，如图6-55所示。

步骤3：查看筛选结果。返回工作表中查看高级筛选的"或"关系结果，如图6-56所示。

图6-55

图6-56

6.3 制作洗衣机季度销售报表

分类汇总是指对报表中的数据按某类进行计算，并在数据区域插入行显示计算的结果。分类汇总提供求和、最大值、最小值和平均值等11种常用函数，默认情况下是求和函数。某商场统计出去年洗衣机销售报表，可以使用分类汇总的知识对其进行分析和管理。

6.3.1 创建分类汇总

创建分类汇总的方法很简单，但是在创建分类汇总前必须按某字段进行排序，否则分类汇总后的结果比较零乱。

例如在"固定资产表"工作表中，利用分类汇总统计出4个季度的销售总额和销售利润，具体步骤如下。

步骤1：先进行排序。打开"洗衣机销售报表"工作表，选中表格内任意单元格，切换至"数据"选项卡，单击"排序和筛选"选项组中"排序"按钮，如图6-57所示。

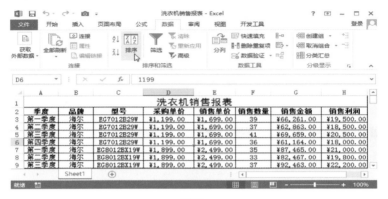

图6-57

步骤2：设置季度的排序方式。打开"排序"对话框，设置"主要关键字"为"季度"，在"次序"列表中选择"自定义序列"选项，如图6-58所示。

步骤3：输入排序顺序。打开"自定义序列"对话框，在"输入序列"文本框中输入"第一季度,第二季度,第三季度,第四季度"文本，如图6-59所示。

图6-58

图6-59

步骤4：查看排序后的效果。依次单击"确定"按钮，返回工作表中查看按季度排序后的效果，如图6-60所示。

图6-60

步骤5：打开"分类汇总"对话框。切换至"数据"选项卡，单击"分级显示"选项组中"分类汇总"按钮，如图6-61所示。

步骤6：选择选定汇总项。打开"分类汇总"对话框，在"分类字段"列表中选择"季度"选项，在"选定汇总项"区域勾选"销售金额"和"销售利润"复选框，如图6-62所示。

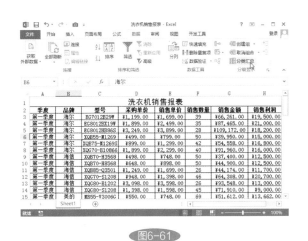

图6-61

图6-62

步骤7：查看分类汇总后的效果。单击"确定"按钮，返回工作表中查看按季度分类汇总后的效果，如图6-63所示。

图6-63

6.3.2 复制分类汇总的数据

如果通过复制粘贴功能将分类汇总的结果复制出来，则会把所有数据都复制出来。如果先进行简单的设置然后再复制粘贴即可复制分类汇总的结果，具体操作步骤如下。

步骤1：显示分类汇总结果。打开"洗衣机销售报表"工作表，创建分类汇总，单击左侧2按钮，即可只显示分类汇总的结果，如图6-64所示。

步骤2：打开"定位条件"选项。选中汇总结果，切换至"开始"选项卡，单击"编辑"选项组中的"查找和选择"下三角按钮，在列表中选择"定位条件"选项，如图6-65所示。

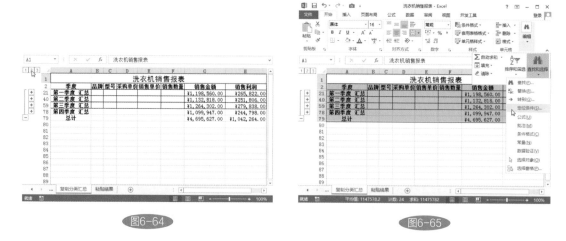

图6-64　　　　　　　　　图6-65

步骤3：选择定位条件。打开"定位条件"对话框，选择"可见单元格"单选按钮，然后单击"确定"按钮，如图6-66所示。

步骤4：复制分类汇总结果。选中汇总结果，按Ctrl+C组合键，此时选中的单元格区域的每一行都被滚动的虚线环绕，如图6-67所示。

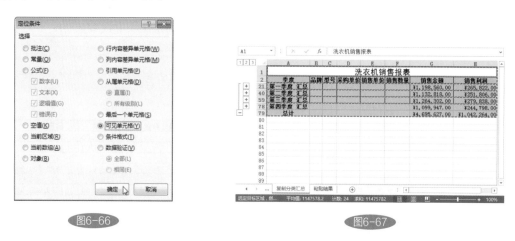

图6-66　　　　　　　　　图6-67

步骤5：粘贴分类汇总结果。新建工作表并命名，然后选择需要粘贴的位置，按Ctrl+V组合键进行粘贴，适当调整单元格的宽度，此时发现只复制了分类汇总的结果，如图6-68所示。

图6-68

6.3.3 删除分类汇总

当使用分类汇总后需要将其删除，如何删除分类汇总呢？值得注意的是删除分类汇总后，工作表只是恢复到排序后的状态，具体操作步骤如下。

步骤1：打开"分类汇总"对话框。打开"洗衣机销售报表"工作表，创建分类汇总，切换至"数据"选项卡，单击"分级显示"选项组中"分类汇总"按钮，如图6-69所示。

步骤2：删除分类汇总。弹出"分类汇总"对话框，然后单击"全部删除"按钮。即可实现删除分类汇总，如图6-70所示。

图6-69

图6-70

步骤3：查看删除分类汇总后的结果。返回工作表中，查看删除分类汇总后结果，如图6-71所示。

图6-71

6.3.4 清除分级显示

清除分级显示是执行分类汇总后清除工作表左侧的等级区域，汇总数据保持不变。下面介绍清除分级显示的方法，具体操作步骤如下。

步骤1：清除分级显示。打开创建好分类汇总的工作表，创建分类汇总，切换至"数据"选项卡，单击"分级显示"选项组中"取消组合"下三角按钮，在列表中选择"清除分级显示"选项，如图6-72所示。

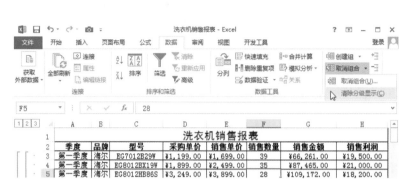

图6-72

步骤2： 查看清除分级显示的效果。返回工作表中，在工作表的左侧分级不见，在表格内汇总数据还在，如图6-73所示。

	A	B	C	D	E	F	G	H
1	洗衣机销售报表							
2	季度	品牌	型号	采购单价	销售单价	销售数量	销售金额	销售利润
3	第一季度	海尔	EG7012B29W	¥1,199.00	¥1,699.00	39	¥66,261.00	¥19,500.00
12	第一季度	海尔	XQB55-M1269	¥499.00	¥799.00	50	¥39,950.00	¥15,000.00
13	第一季度	海信	XQB70-H3568	¥498.00	¥748.00	50	¥37,400.00	¥12,500.00
14	第一季度	海信	XQB70-H8568	¥648.00	¥898.00	50	¥44,900.00	¥12,500.00
15	第一季度	海尔	XQB75-M1269S	¥899.00	¥1,299.00	42	¥54,558.00	¥16,800.00
16	第一季度	海信	XQB85-Q3501	¥1,249.00	¥1,699.00	26	¥44,174.00	¥11,700.00
17	第一季度	海尔	XQG70-B10866	¥1,899.00	¥2,299.00	40	¥91,960.00	¥16,000.00
18	第一季度	海信	XQG70-S1208	¥948.00	¥1,398.00	46	¥64,308.00	¥20,700.00
19	第一季度	海信	XQG80-B1202	¥3,098.00	¥3,598.00	26	¥93,548.00	¥13,000.00
20	第一季度	海信	XQG80-S1208	¥1,398.00	¥1,598.00	45	¥71,910.00	¥9,000.00
21	第一季度 汇总						¥1,198,560.00	¥265,822.00
22	第二季度	海尔	EG7012B29W	¥1,199.00	¥1,699.00	37	¥62,863.00	¥18,500.00
23	第二季度	海尔	EG8012BX19W	¥1,899.00	¥2,499.00	33	¥82,467.00	¥19,800.00

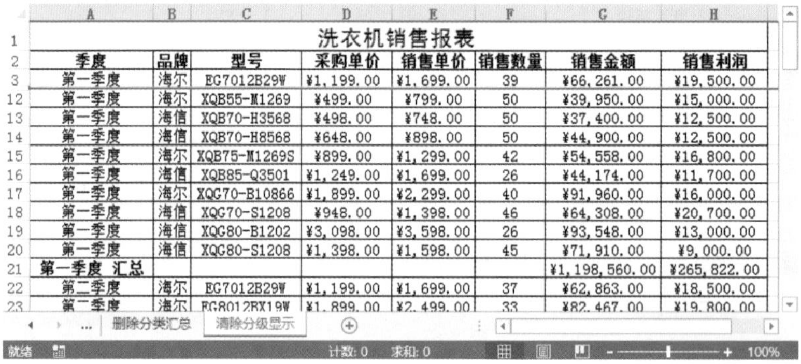

图6-73

步骤3： 取消清除分级显示。如果需要撤销清除分级显示，单击“分级显示”选项组中的对话框启动器按钮，弹出“设置”对话框，单击“创建”按钮即可，如图6-74所示。

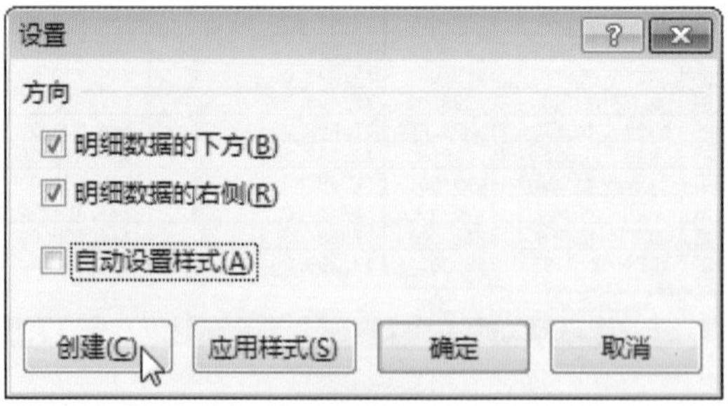

图6-74

知识点拨：隐藏分级显示和汇总数据

如果希望在不清除分级显示的情况下隐藏分级显示和汇总数据，只需要在“Excel选项”对话框中的“高级”选项卡中，取消勾选“如果应用了分级显示，则显示分级显示符号”复选框即可。

6.3.5　分类汇总的应用

　　在同一报表中可以在一个分类汇总的基础上再次使用分类汇总。例如在"洗衣机销售报表"中，先以季度为关键字对销售金额和销售利润进行分类求和，然后再以品牌为关键字对销售金额和销售利润进行分类求平均值，具体操作步骤如下。

图6-75

步骤1： 设置排序。打开"洗衣机销售报表"工作表，选中表格任意单元格，切换至"数据"选项卡，单击"排序和筛选"选项组中的"排序"按钮，在"排序"对话框中设置排序依据，单击"确定"按钮，如图6-75所示。

步骤2： 打开"分类汇总"对话框。然后单击"分级显示"选项组中的"分类汇总"按钮，如图6-76所示。

步骤3： 设置分类汇总。打开"分类汇总"对话框，设置"季度"分类汇总，单击"确定"按钮，如图6-77所示。

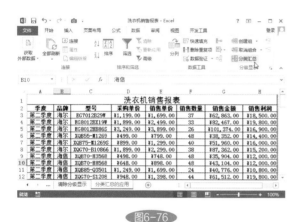

图6-76

图6-77

步骤4： 设置"品牌"分类汇总。再次打开"分类汇总"对话框，设置"分类字段"为"品牌"，"汇总方式"为"平均值"，取消勾选"替换当前分类汇总"复选框，单击"确定"按钮，如图6-78所示。

步骤5： 查看设置分类汇总后的效果。返回工作表，可见先按季度分类汇总求和，然后再按品牌分类汇总求平均值，如图6-79所示。

图6-78

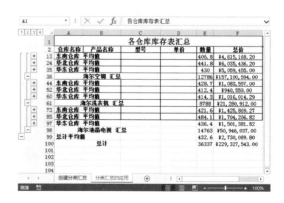

图6-79

知识点拨："分类汇总"对话框中复选框的含义

在"分类汇总"对话框的下方有3个复选框，它们的含义如下。

① 替换当前分类汇总。勾选该复选框表示在执行分类汇总时，先取消之前的分类汇总，然后重新分类汇总。在执行多次分类汇总操作时一定要注意。

② 每组数据分页。勾选该复选框表示在打印时按照分类后的每部分分别打印在不同的纸张上。

③ 汇总结果显示在数据下方。勾选该复选框表示分类汇总后的数据显示在每类别部分的下面。

6.4 制作洗衣机销售统计表

所谓合并计算就是将不同的工作表的指定区域的数值进行组合计算至一个工作表中。合并计算的数据源区域可以是同一工作表中的不同表格，可以是同一工作簿中的不同工作表，也可以是不同工作簿中的表格，操作方法都是一样的。

6.4.1 将四个季度报表汇总

在工作中，经常需要将不同类别的明细表合并在一起，利用合并计算功能将多张明细表生成汇总表。

例如在"洗衣机销售统计表"工作表中，四个季度统计表分别在不同的工作表，它们使用相同的表格结构，产品的顺序也一样，使用合并计算功能进行汇总，具体操作步骤如下：

步骤1：选中需要汇总的单元格区域。打开"洗衣机销售统计表"工作簿，切换至"合并计算"工作表，选中E3:G20单元格区域，切换至"数据"选项卡，单击"数据工具"选项组中"合并计算"按钮，如图6-80所示。

步骤2：设置季度的排序方式。弹出"合并计算"对话框，保持默认状态，单击"引用位置"右侧折叠按钮，如图6-81所示。

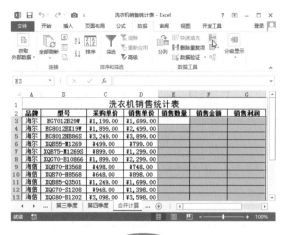

图6-80

图6-81

步骤3：选择引用的单元格区域。弹出"合并计算-引用位置"对话框，返回"第一季度"工作表，选中 E3:G20 单元格区域，单击折叠按钮，如图6-82所示。

步骤4：添加至引用位置。返回"合并计算"对话框，单击"添加"按钮，引用的区域被添加至"所有引用位置"文本框中，如图6-83所示。

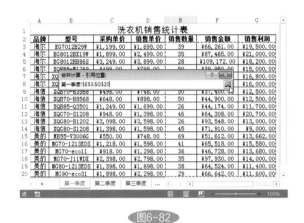

图6-82

图6-83

步骤5：继续添加其他工作表中区域。按照相同的方法添加其他三个季度相同的单元格区域，然后单击"确定"按钮，如图6-84所示。

步骤6：查看合并计算后的结果。返回工作表中查看合并计算的结果，如图6-85所示。

图6-84

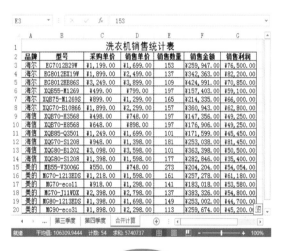

图6-85

6.4.2 复杂结构的多表汇总

如果多个工作表中的内容顺序都不一样，那该如何进行合并操作呢？下面介绍使用合并计算功能对复杂结构的多表汇总的方法，具体步骤如下。

步骤1：查看汇总的四个表格。打开"洗衣机销售报表"工作簿，可见四个季度的工作表结构一样，但是内容顺序不同，如图6-86所示。

图6-86

步骤2：选中需要汇总的单元格区域。打开"洗衣机销售统计表1"工作簿，切换至"合并计算"工作表，选中B2:E20单元格区域，切换至"数据"选项卡，单击"数据工具"选项组中"合并计算"按钮，如图6-87所示。

步骤3：设置合并计算的函数。打开"合并计算"对话框，单击"函数"下三角按钮，在列表中选择"平均值"选项，如图6-88所示。

图6-87　　　　　　　　　　　图6-88

步骤4：选择引用的位置。根据以上方法添加引用的单元格区域，勾选"最左列"复选框，然后单击"确定"按钮，如图6-89所示。

步骤5：查看合并计算的结果。返回工作表中，可见合并计算出各产品的平均值，如图6-90所示。

图6-89

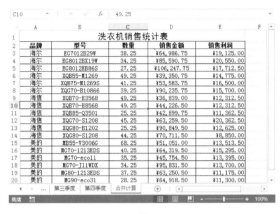

图6-90

6.4.3 合并计算源区域的编辑

完成合并计算后，可以根据实际的需要对引用的源区域进行编辑。包括对引用区域的修改、添加和删除等。

（1）修改源区域

当合并计算的引用源区域发生改变，则需要修改源区域。其操作步骤如下。

步骤1： 打开"合并计算"对话框。打开已经使用合并计算的工作表，切换至"数据"选项卡，单击"数据工具"选项组中"合并计算"按钮，如图6-91所示。

图6-91

步骤2： 打开"合并计算"对话框。打开"合并计算"对话框，在"所有引用位置"区域中选择需要修改的引用区域，单击"引用位置"后面折叠按钮，如图6-92所示。

步骤3： 重新选择引用区域。返回工作表中，使用鼠标重新选择需要修改的引用区域，然后再次单击折叠按钮，单击"确定"按钮，即可修改引用区域，如图6-93所示。

图6-92

图6-93

（2）添加引用区域

当工作表中对数据进行合并计算后，现在需要添加新的引用区域。选择单元格区域，打开"合并计算"对话框，单击"引用位置"后面的折叠按钮，然后选择添加的引用位置，并单击"添加"按钮，将其添加至"所有引用位置"区域，最后单击"确定"按钮即可。

（3）删除引用区域

如果不需要某个引用区域参与合并计算，可以将该引用区域删除，删除的方法同样可以通过"合并计算"对话框来实现，具体操作步骤如下。

步骤1：打开"合并计算"对话框。打开需要删除引用区域的工作表，切换至"数据"选项卡，单击"数据工具"选项组的"合并计算"按钮，如图6-94所示。

步骤2：删除引用区域。打开"合并计算"对话框，在"所有引用位置"区域中选择需要删除的引用区域，然后单击"删除"按钮，如图6-95所示。

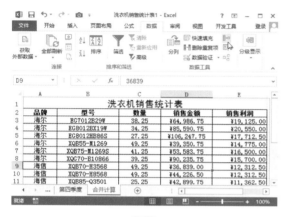

图6-94

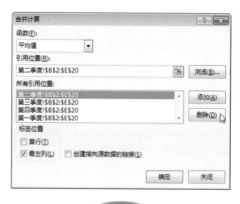

图6-95

 知识点拨： 自动更新源数据

在本案例中，可以将今年四个季度的数据输入至对应的表格中，如何让合并计算的结果更新呢？只需要在打开"合并计算"对话框中，添加完引用区域后，勾选"创建指向源数据的链接"复选框即可。

6.5 制作员工考核成绩表

企业每年都会对在职员工进行多方面能力考核，来评价员工的价值，对优秀的员工给予奖励等。本节将介绍条件格式功能，标记出满足用户需要的数据。

6.5.1 创建条件格式

Excel为用户提供很多条件格式，用户使用条件格式时可以将单元格区域中某些数据突出显示，更加醒目。本小节将为大家介绍条件格式的应用，包括突出显示特定单元格以及数据条、色阶和图标集的应用等。

（1）突出显示指定条件的单元格

在"员工考核成绩"工作表中，用户使用条件格式功能突出显示工作能力成绩大于90分的单元格，具体操作步骤如下。

步骤1：选择条件格式。打开"员工考核成绩"工作表，选中B3：B32单元格区域。切换至"开始"选项卡，单击"样式"选项组中的"条件格式"下三角按钮，选择"突出显示单元格规则<大于"选项，如图6-96所示。

步骤2：设置条件的格式。打开"大于"对话框，设置"为大于以下值的单元格设置格式"为90，单击"设置为"下三角按钮，选择所需突出显示的格式，如图6-97所示。

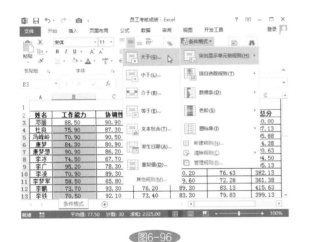

图6-96

图6-97

步骤3：查看突出显示的效果。单击"确定"按钮，返回工作表中，可以看到满足条件的单元格已经根据所选的格式突出显示了，如图6-98所示。

	员工考核成绩表					
姓名	工作能力	协调性	责任感	积极性	执行能力	总分
邓丽	88.50	90.90	85.20	87.40	88.00	440.00
杜良	75.90	87.30	79.30	67.20	77.43	387.13
冯峰岭	70.90	90.50	82.20	73.10	79.18	395.88
康梦	84.30	80.90	70.10	96.20	82.88	414.38
康梦想	90.90	86.20	78.90	80.50	84.13	420.63
李冰	74.50	67.70	90.20	91.20	80.90	404.50
李广	95.20	78.30	75.20	67.40	79.03	395.13
李凌	70.90	89.30	75.30	70.20	76.43	382.13
李梦军	58.50	65.80	75.20	89.60	72.28	361.38
李鹏	73.70	93.30	76.20	89.30	83.13	415.63
李铁	70.50	92.10	73.40	83.30	79.83	399.13

图6-98

（2）突出显示前5名的单元格

在"员工考核成绩"工作表中，用户使用条件格式功能突出显示协调性的成绩前5名的单元格，具体操作步骤如下。

步骤1：选择条件格式。打开"员工考核成绩"工作表，选中C3：C32单元格区域。切换至

"开始"选项卡，单击"样式"选项组中的"条件格式"下三角按钮，选择"项目选取规则＜前10项"选项，如图6-99所示。

步骤2：设置条件的格式。在打开的"前10项"对话框中，设置"为值最大的那些单元格设置格式"设置为5，单击"设置为"下三角按钮，选择所需的格式，如图6-100所示。

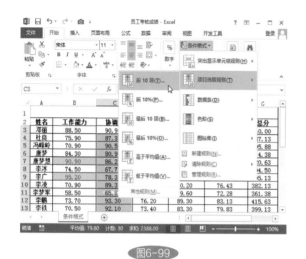

图6-99

图6-100

步骤3：查看效果。单击"确定"按钮，返回工作表中，可以看到满足条件的单元格已经根据所选的格式突出显示了，如图6-101所示。

	A	B	C	D	E	F	G
1				员工考核成绩表			
2	姓名	工作能力	协调性	责任感	积极性	执行能力	总分
3	邓丽	88.50	90.90	85.20	87.40	88.00	440.00
4	杜良	75.90	87.30	79.30	67.20	77.43	387.13
5	冯峰岭	70.90	90.50	82.20	73.10	79.18	395.88
6	康梦	84.30	80.90	70.10	96.20	82.88	414.38
7	康梦想	90.90	86.20	78.90	80.50	84.13	420.63
8	李冰	74.50	67.70	90.20	91.20	80.90	404.50
9	李广	95.20	78.30	75.20	67.40	79.03	395.13
10	李凌	70.90	89.30	75.30	70.20	76.43	382.13
11	李梦军	58.50	65.80	75.20	89.60	72.28	361.38
12	李鹏	73.70	93.30	76.20	89.30	83.13	415.63
13	李铁	70.50	92.10	73.40	83.30	79.83	399.13

图6-101

（3）使用数据条比较数据大小

应用数据条，用户可以把不同的数据更加醒目地显示出来，非常直观地比较数值的大小，具体操作步骤如下。

步骤1：选择条件格式。打开"员工考核成绩"工作表，选中D3:D32单元格区域。切换至"开始"选项卡，单击"样式"选项组中的"条件格式"下三角按钮，选择"数据条"选项，选择合适的样式，如图6-102所示。

步骤2：应用数据条格式。经过上述操作后，可以看到所选单元格区域应用了所选数据条样式，如图6-103所示。

图6-102 图6-103

（4）使用色阶展示数据大小

色阶就是将工作表中的单元格数据按照大小，依次填充不同的颜色，填充颜色的深浅代表了单元格数值的大小。将积极性的成绩应用色阶，具体操作步骤如下。

步骤1：选择条件格式。打开"员工考核成绩"工作表，选中E3:E32单元格区域。切换至"开始"选项卡，单击"样式"选项组中的"条件格式"下三角按钮，选择"色阶"选项，选择合适的样式，如图6-104所示。

步骤2：应用色阶格式。经过上述操作后，可以看到所选单元格区域应用了所选色阶样式，如图6-105所示。

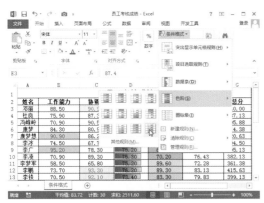

图6-104 图6-105

（5）使用图标集对数据进行分类

在进行数据展示时，用户可以应用"图标集"功能对数据进行等级划分。下面使用图标集将本次执行能力成绩进行等级划分，划分标准是大于或等于80分为一个等级；大于或等于60分而小于80分为一个等级；小于60分为一个等级，具体操作步骤如下。

步骤1：选择条件格式。打开"员工考核成绩"工作表，选中F3:F32单元格区域。切换至"开

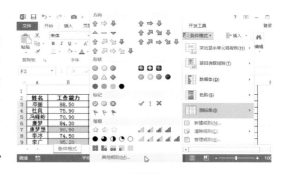

图6-106

始"选项卡，单击"样式"选项组中的"条件格式"下三角按钮，选择"图标集<其他规则"选项，选择合适的样式，如图6-106所示。

步骤2：选择图标集格式。打开"新建格式规则"对话框，设置"格式样式"为"图标集"，在"图标样式"库中选择需要的样式，然后设置各个分数段的划分标准后，单击"确定"按钮，如图6-107所示。

步骤3：查看应用图标集的效果。返回工作表中，可以看到运用3等级的条件格式后的效果，如图6-108所示。

图6-107

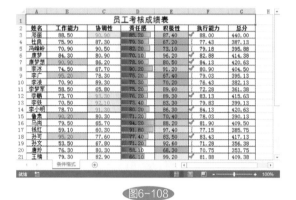

图6-108

6.5.2　条件格式的管理

创建完条件格式后，可以通过"条件格式规则管理器"对话框对条件格式进行管理，如编辑规则、删除规则。

（1）编辑条件格式规则

如果用户对设置好的条件格式不满意，可以对其编辑重新设置格式，以达到满意为止，具体操作步骤如下。

步骤1：打开"条件格式规则管理器"对话框。打开已经设置好的条件格式的工作表，选中"协调性"列任意单元格，切换至"开始"选项卡，单击"样式"选项组中"条件格式"下三角按钮，选择"管理规则"选项，如图6-109所示。

步骤2：设置编辑规则。打开"条件格式规则管理器"对话框，选择需要编辑的规则然后单击"编辑规则"按钮，如图6-110所示。

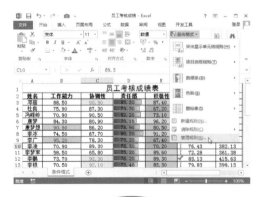

图6-109

图6-110

步骤3： 重新设置格式。打开"编辑格式规则"对话框，保持默认状态，单击"格式"按钮，如图6-111所示。

步骤4： 设置字体和填充颜色。打开"设置单元格格式"对话框，分别设置"字体"和"填充"颜色，如图6-112所示。

图6-111

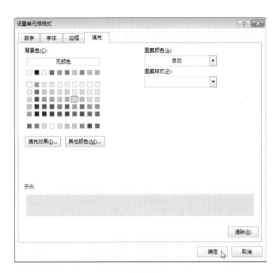

图6-112

步骤5： 查看编辑规则后的效果。依次单击"确定"按钮，返回工作表中，查看编辑规则后的效果，如图6-113所示。

	A	B	C	D	E	F	G
1				员工考核成绩表			
2	姓名	工作能力	协调性	责任感	积极性	执行能力	总分
3	邓丽	88.50	90.90	85.20	87.40	88.00	440.00
4	杜良	75.90	87.30	79.30	67.20	77.43	387.13
5	冯峰岭	70.90	90.50	82.20	73.10	79.18	395.88
6	康梦	84.30	80.90	70.10	96.20	82.88	414.38
7	康梦想	90.90	86.20	78.90	80.50	84.13	420.63
8	李冰	74.50	67.70	90.20	91.20	80.90	404.50
9	李广	95.20	78.30	75.20	67.40	79.03	395.13
10	李凌	70.90	89.30	75.30	70.20	76.43	382.13
11	李梦军	58.50	65.80	75.20	89.60	72.28	361.38
12	李鹏	73.70	93.30	76.20	89.30	83.13	415.63
13	李铁	70.50	92.10	73.40	83.30	79.83	399.13

图6-113

（2）删除条件格式规则

如果用户对设置好的条件格式不满意，可以对其删除。

步骤1： 打开"条件格式规则管理器"对话框。打开设置好条件格式的工作表，选中"责任感"列任意单元格，在"条件格式"列表中选择"管理规则"选项，如图6-114所示。

步骤2： 删除条件格式规则。打开"条件格式规则管理器"对话框，选择规则，然后单击"删除规则"按钮即可，如图6-115所示。

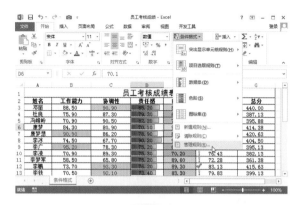

图6-114

图6-115

 知识点拨： 清除条件格式规则

　　若需要清除规则，选中单元格区域，在"条件格式"列表中选择"清除规则"选项，若选择"清除所选单元格的规则"选项，则只清除所选单元格的条件格式；若选择"清除整个工作表的规则"选项，则清除工作表中所有的条件格式。

第7章

数据的动态统计分析

本章概述

数据透视表是Excel非常强大的数据处理工具，它可以充分展示数据。在庞大的数据中需要分析某些数据时，使用数据透视表会让统计分析工作变得简单、高效。数据透视表集合了数据排序、筛选、分类汇总等数据分析的所有优点，更方便地调整分类汇总的方式，能以不同的方式展示数据特征。

本章介绍数据透视表和数据透视图的相关知识，如创建透视表和透视图、编辑字段、切片器、日程表等。

知识点一览

创建数据透视表

添加字段

刷新数据透视表

套用数据透视表样式

自定义透视表样式

切片器的应用

日程表的应用

创建数据透视图

更改透视图的类型

7.1 制作采购统计表

某厂家全图有三个分工厂，每个月都会根据各厂不同需要采购物料。如果有一份完整的采购明细表，可以统计出每种物料不同分厂的采购数量，或者提取同一物料不同分厂采购明细，使用数据透视表可以非常容易地调出相关数据。

7.1.1 创建数据透视表

数据透视表是一种交互式的Excel报表，可以动态地改变报表的版面布置，用于对大量的数据进行汇总和分析。在使用数据透视表之前先介绍如何创建数据透视表。

（1）快速创建数据透视表

推荐的数据透视表功能是Excel 2013新增加的，可以根据Excel系统推荐的数据透视表功能，快速创建数据透视表，具体操作步骤如下。

步骤1：插入推荐的数据透视表。打开"物料采购统计表"工作表，选中表格中任意单元格，切换至"插入"选项卡，单击"表格"选项组中"推荐的数据透视表"按钮，如图7-1所示。

步骤2：选择合适的数据透视表。打开"推荐的数据透视表"对话框，选择推荐的数据透视表，单击"确定"按钮，如图7-2所示。

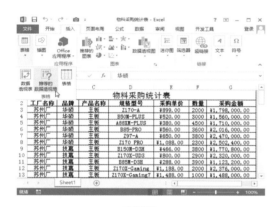

图7-1

图7-2

步骤3：查看创建的数据透视表样式。返回工作表，在新的工作表中创建了刚刚所选的数据透视表布局样式，用户还可以根据需要，在"数据透视表字段"导航窗格中进行设置，如图7-3所示。

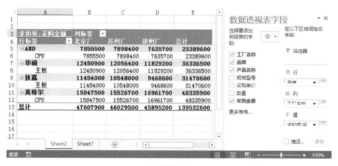

图7-3

（2）创建空白的数据透视表

如果推荐的数据透视表不能满足需要，可以先创建一个空白的数据透视表，然后根据需要添加需要的字段，具体操作步骤如下。

步骤1：插入数据透视表。打开"物料采购统计表"工作表，选中表格中任意单元格，切换至"插入"选项卡，单击"表格"选项组中"数据透视表"按钮，如图7-4所示。

步骤2：打开"创建数据透视表"对话框。打开"创建数据透视表"对话框，保持默认状态，单击"确定"按钮，如图7-5所示。

图7-4

图7-5

步骤3：创建完成空白数据透视表。在新打开的工作表中创建空白的数据透视表，同时打开"数据透视表字段"导航窗格，在功能区出现"数据透视表工具/分析和设计"选项卡，如图7-6所示。

图7-6

> **注意事项**：**数据透视表的结构**
>
> 　　一张数据透视表的结构，主要包括行区域、列区域、数值区域和报表筛选区域4个部分。其中报表筛选区域显示"数据透视表字段"导航窗格的报表筛选选项；行区域显示任务窗格中的行字段；列区域显示任务窗格中的列字段；数值区域显示任务窗格中的值字段。

7.1.2　添加和编辑字段

创建空白数据透视表后，用户可以根据需要添加字段，用透视表展示相关的数据信息，用户还可以对字段进行编辑，以达到用户满意。

（1）添加字段

为空白数据透视表添加字段是至关重要的，它是分析数据的基础，可以充分展示数据。以"物料采购统计表"为例，创建空白数据透视表后，通过添加字段展现各分厂采购不同品牌的数量和采购的总金额，具体操作步骤如下。

步骤1：设置"数据透视表字段"窗格样式。打开"产品质量检验报表"工作表，创建空白透视表，单击"数据透视表字段"窗格中"工具"下三角按钮，在列表中选择"字段节和区域节并排"选项，如图7-7所示。

步骤2：设置"行"区域字段。在"数据透视表字段"窗格中，将"选择要添加至报表的字段"区域中"工厂名称"字段，拖曳至"行"区域，按照相同的方法将"品牌"字段拖曳至"工厂名称"的下方，如图7-8所示。

图7-7　　　　　　　　　　　　　　图7-8

步骤3：设置"值"区域字段。按照上步骤的方法将"数量"和"采购金额"字段拖曳至"值"区域，如图7-9所示。

步骤4：查看计算结果。返回"排序"对话框中，单击"确定"按钮，返回工作表中查看按笔划排序后的效果，如图7-10所示。

图7-9

图7-10

（2）自定义字段名称

添加至"值"区域的字段，均会在字段名前加"求和项"或"计数项"等，用户可以根据个人要求对其进行重命名。

以"物料采购统计表"为例，将"求和项：数量"和"求和项：采购金额"定义为"总数量"和"采购总金额"，具体操作步骤如下。

步骤1： 打开"值字段设置"对话框。打开"物料采购统计表"工作簿，切换至"自定义名称"工作表，选中B1单元格，切换至"数据透视表工具>分析"选项卡，单击"活动字段"选项组中"字段设置"按钮，如图7-11所示。

步骤2： 输入字段名称。打开"值字段设置"对话框，在"自定义名称"文本框中输入"总数量"，然后单击"确定"按钮，如图7-12所示。

图7-11

图7-12

步骤3： 自定义采购总金额字段。按照上步骤的方法将"求和项：采购金额"字段设置为"采购总金额"，单击"确定"按钮，如图7-13所示。

步骤4： 查看自定义名称后的效果。返回工作表中，查看自定义字段名称后的效果，如图7-14所示。

图7-13

图7-14

（3）隐藏字段标题

若需要隐藏字段标题，首先选择数据透视表中任意单元格，然后切换至"数据透视表工具>

分析"选项卡,单击"显示"选项组中的"字段标题"按钮即可隐藏或显示字段标题,如图7-15所示。

图7-15

(4)删除字段

在分析和展示数据后,对于数据透视表中多余的字段需要将其删除。下面介绍2种删除字段的方法。

方法1: 窗格删除法

步骤1: 删除字段。选中数据透视表中任意单元格,打开"数据透视表字段"窗格,单击需要删除的字段,在快捷菜单中选择"删除字段"命令,如图7-16所示。

步骤2: 查看删除字段的效果。返回工作表中,查看删除"总数量"字段后的效果,如图7-17所示。

图7-16

图7-17

方法2: 快捷菜单删除法

打开数据透视表,选中需要删除的字段,单击鼠标右键,在快捷菜单中选择"删除'字段名'"命令,即可删除字段,此处选择"删除'总数量'"命令,如图7-18所示。

图7-18

7.1.3 编辑数据透视表

创建完成数据透视表后，可以对数据透视表进行编辑处理。本小节主要介绍数据的刷新、修改数据的顺序、数据的隐藏与显示和数据的排序等操作。

（1）刷新数据透视表

数据透视表是源数据的表现形式，当源数据发生变化时，需要刷新数据，才能更新数据透视表中的数据。下面介绍2种刷新数据的方法。

方法1： 手动刷新数据

步骤1： 在功能区显示"数据透视表工具"选项卡。打开创建好的数据透视表工作表，选中表格内任意单元格，功能区显示"数据透视表工具"选项卡，如图7-19所示。

步骤2： 刷新数据。切换至"数据透视表工具>分析"选项卡，单击"数据"选项组中"刷新"按钮即可，如图7-20所示。

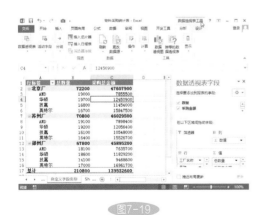

图7-19

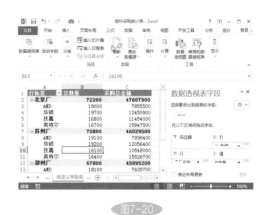

图7-20

知识点拨： 刷新整个工作簿

当工作簿中包含多个数据透视表，而且都需要刷新数据时，可以单击"刷新"下三角按钮，在列表中选择"全部刷新"选项即可。

方法2： **自动刷新数据**

步骤1：打开"数据透视表选项"对话框。打开创建好的数据透视表工作表，选中表格内任意单元格，切换至"数据透视表工具>分析"选项卡，单击"数据透视表"选项组中"选项"按钮，如图7-21所示。

步骤2：设置自动刷新数据。打开"数据透视表选项"对话框，切换至"数据"选项卡，勾选"打开文件时刷新数据"复选框，然后单击"确定"按钮，如图7-22所示。

图7-21

图7-22

（2）更改源数据

创建完数据透视表后，可以更改正在分析源数据的区域。可以扩展或减少源数据，如果数据本质上不同，可创建新的数据透视表。下面介绍更改源数据的具体方法。

步骤1：打开"更改数据透视表数据源"对话框。打开工作表，选中数据透视表中任意单元格，切换至"数据透视表工具/分析"选项卡，单击"数据"选项组中"更改数据源"按钮，如图7-23所示。

步骤2：设置"表/区域"范围。打开"更改数据透视表数据源"对话框，单击"表/区域"右侧的折叠按钮，如图7-24所示。

图7-23

图7-24

步骤3： 选择源数据。弹出"移动数据透视表"对话框，在工作表中重新选择源数据区域，然后单击折叠按钮，如图7-25所示。

步骤4： 完成更改源数据。打开"移动数据透视表"对话框，可见在"表/区域"文本框中引用区域发生变化，单击"确定"按钮，即完成更改源数据，如图7-26所示。

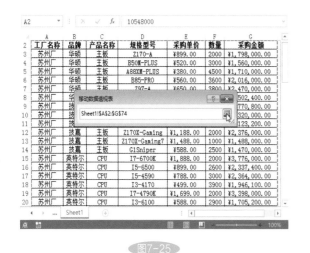

图7-25

图7-26

（3）数据的排序

数据透视表的排序和普通工作表的排序方法一样，但是结果有点区别。下面介绍对数据透视表中数据排序的具体方法。

步骤1： 设置数据的排序方式。打开"物料采购统计表"工作簿，切换至"数据排序"工作表，选中B3单元格，切换至"数据"选项卡，单击"排序和筛选"选项组中"升序"按钮，如图7-27所示。

步骤2： 查看排序效果。返回工作表中，可见三个分厂内的产品品牌按照采购数量的升序排列，三个工厂的顺序不变，如图7-28所示。

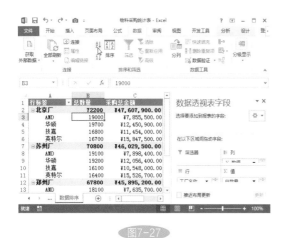

图7-27

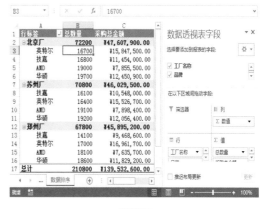

图7-28

步骤3： 设置数据的排序方式。选择C2单元格，单击"排序和筛选"选项组中"升序"按钮，如图7-29所示。

步骤4：查看排序效果。返回工作表中，可见三个工厂按照采购总金额的升序排序，工厂内各品牌顺序不变，如图7-30所示。

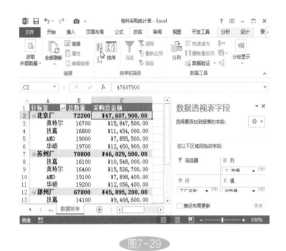

图7-29

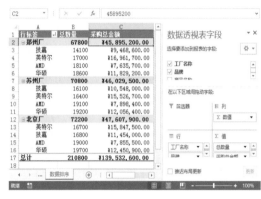

图7-30

（4）修改汇总方式和数字的显示方式

将数值类型的字段拖动至"数值"区域，系统默认的计算类型是求和，现在根据要求修改汇总的方式，Excel系统提供11种汇总方式可用。下面介绍具体操作方法。

步骤1：打开"值字段设置"对话框。打开"物料采购统计表"工作表，选中需要修改汇总方式的任意单元格，此处选择B3单元格，单击鼠标右键，在快捷菜单中选择"值字段设置"命令，如图7-31所示。

步骤2：设置汇总方式。弹出"值字段设置"对话框，在"值汇总方式"选项卡中设置计算类型为平均值，然后单击"确定"按钮，如图7-32所示。

图7-31

图7-32

步骤3：打开"值字段设置"对话框。选中C3单元格，切换至"数据透视表/选项"选项卡，单击"活动字段"选项组中"字段设置"按钮，如图7-33所示。

步骤4：设置汇总方式。弹出"值字段设置"对话框，在"值汇总方式"选项卡中设置计算类型为最大值，然后单击"确定"按钮，如图7-34所示。

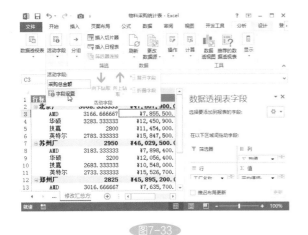

图7-33

图7-34

步骤5： 查看修改汇总方式后的效果。设置完毕后，返回数据透视表中查看修改汇总方式的效果，数量修改为平均值，采购金额修改为最大值，如图7-35所示。

图7-35

在数据透视表中数值的显示方式也可以进行设置，在本案例中将数量的数值方式修改为百分比方式，具体操作步骤如下。

步骤1： 打开"值字段设置"对话框。选择B3单元格，切换至"数据透视表/选项"选项卡，单击"活动字段"选项组中"字段设置"按钮，如图7-36所示。

图7-36

步骤2：设置数字显示的方式。弹出"值字段设置"对话框，在"值显示方式"选项卡中设置值显示方式为"总计的百分比"方式，单击"确定"按钮，如图7-37所示。

步骤3：查看修改数字显示方式后的效果。返回工作表中，查看将数量的值显示方式修改为百分比后的效果，如图7-38所示。

图7-37

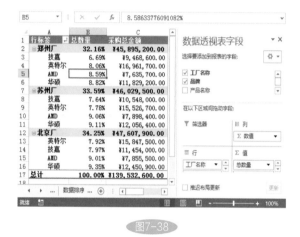

图7-38

（5）分页显示

分页显示就是根据某字段将字段包含的数据分别在不同的工作表中显示相关的数据。在本案例中按工厂进行分页显示数据，具体操作步骤如下。

步骤1：设置分页显示的字段。在"数据透视表字段列表"窗格中，将"工厂名称"字段拖曳至"筛选器"区域，如图7-39所示。

步骤2：打开"显示报表筛选页"对话框。单击"数据透视表"选项组中"选项"下三角按钮，在下拉列表中选择"显示报表筛选页"选项，如图7-40所示。

图7-39

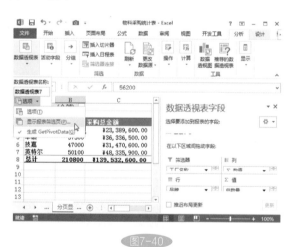

图7-40

步骤3：选择分页显示的字段。弹出"显示报表筛选页"对话框，选择"工厂名称"选项，单击"确定"按钮，如图7-41所示。

步骤4：查看设置分页显示的效果。返回工作表中，查看按工厂名称设置分页显示的效果，如图7-42所示。

图7-41　　　　　　　　　　　　　　　　　图7-42

7.1.4　美化数据透视表

为了使用数据透视表更好地展示数据，可以根据实际需要将其美化，使用其更专业、更完美。本节主要介绍套用表格样式、自定义表格样式等。

（1）自动套用数据透视表样式

Excel提供了多种数据透视表的样式，包括浅色、中等深浅和深色几大类。可以套用这些样式，从而美化表格。下面介绍套用数据透视表样式的方法。

步骤1：打开数据透视表的样式库。打开"物料采购统计表"工作簿，选中透视表内任意单元格，然后切换至"数据透视表工具＞设计"选项卡，单击"数据透视表样式"选项组中"其他"按钮，如图7-43所示。

步骤2：选择透视表的样式。展开数据透视表样式库，选择合适的样式，此处选择"数据透视表样式中等深浅28"，如图7-44所示。

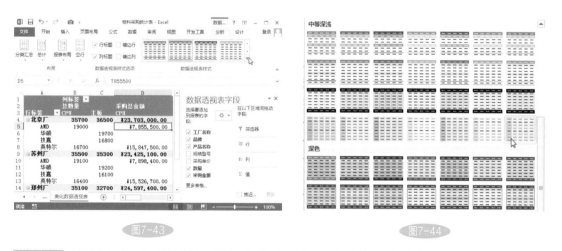

图7-43　　　　　　　　　　　　　　　　　图7-44

步骤3：查看套用样式后的效果。设置完成后，返回工作表中，查看应用样式后的效果，如图7-45所示。

除此之外，还可以通过"套用表格格式"功能对透视表应用样式。选中数据透视表中任意单元格，切换至"开始"选项卡，单击"样式"选项组中的"套用表格格式"下三角按钮，在打开的样式库中选择一款满意的样式，如图7-46所示。这些样式不仅适合数据透视表，还适合普通的表格。

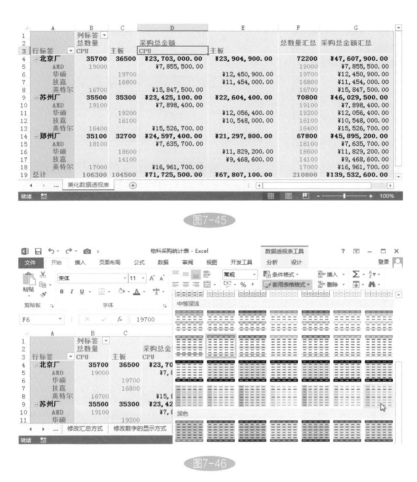

图7-45

图7-46

（2）自动套用文本主题

Excel 2013提供了多种文本主题的样式，可以直接套用这些文本主题，从而美化表格，具体操作步骤如下。

步骤1：打开文本主题样式。打开"物料采购统计表"工作簿，选中透视表中任意单元格，切换至"页面布局"选项卡，在"主题"选项组中，单击"主题"下三角按钮，如图7-47所示。

步骤2：选择主题样式。在展开主题样式库中，选择合适的主题样式，此处选择"环保"样式，如图7-48所示。

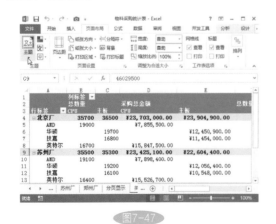

图7-47

图7-48

步骤3：选择主题颜色。单击"主题颜色"下三角按钮，在列表中选择黄色，如图7-49所示。

图7-49

步骤4：查看套用主题样式的效果。返回工作表中，查看套用环保主题样式后的效果，如图7-50所示。

图7-50

（3）自定义数据透视表样式

Excel为用户提供了多种多样的样式，如果没有用户喜欢的样式，可以自定义数据透视表样式，具体操作步骤如下。

步骤1：打开数据透视表的样式库。打开"物料采购统计表"工作簿，选中透视表内任意单元格，然后切换至"数据透视表工具>设计"选项卡，单击"数据透视表样式"选项组中"其他"按钮，如图7-51所示。

步骤2：打开"新建数据透视表样式"对话框。在下拉列表中，选择"新建数据透视表样式"选项，如图7-52所示。

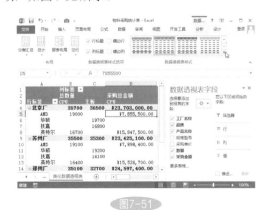

图7-51

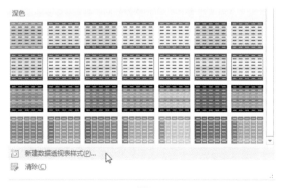

图7-52

步骤3：选择设置样式的表元素。打开"新建数据透视表样式"对话框，在"表元素"选项区域中，选择"第一列"选项，然后单击"格式"按钮，如图7-53所示。

步骤4：设置"第一列"的格式。弹出"设置单元格格式"对话框，在"填充"选项卡设置填充颜色，在"字体"选项卡设置字体颜色，然后单击"确定"按钮，如图7-54所示。

步骤5：选择"标题行"选项。返回"新建数据透视表样式"对话框，选中"标题行"选项，单击"格式"按钮，如图7-55所示。

图7-53

图7-54

图7-55

步骤6：设置"标题行"的格式。弹出"设置单元格格式"对话框，在"字体"选项卡中设置字体为加粗，颜色为深绿，切换至"填充"选项卡设置填充颜色，然后单击"确定"按钮，如图7-56所示。

步骤7：设置"总计行"的格式。返回"新建数据透视表样式"对话框，选中"总计行"选项，单击"格式"按钮，在"设置单元格格式"对话框中设置填充颜色为浅褐色和字体为加粗，然后单击"确定"按钮，如图7-57所示。

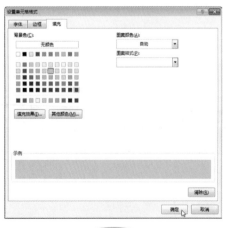

图7-56

图7-57

步骤8：应用自定义样式。依次单击"确定"按钮，返回工作表中，切换至"数据透视表工具/设计"选项卡，单击"数据透视表样式"选项组中"其他"按钮，在展开的样式库中"自定义"区域可以看到刚才设置的样式，选中该样式，如图7-58所示。

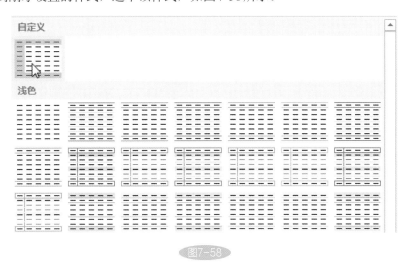

图7-58

步骤9：查看应用自定义样式后的效果。返回工作表中，查看应用自定义的数据透视表的样式，可见自定义的样式均在透视表中表现出来，如图7-59所示。

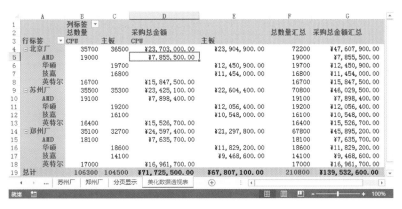

图7-59

知识点拨： 修改自定义样式

　　自定义样式设置完毕后，发现还有不足之处，只需在样式库中选中需要修改的自定义样式，单击鼠标右键在快捷菜单中选择"修改"命令，在打开的"修改数据透视表样式"对话框中进行设置。

（4）设置数据透视表的单元格样式

　　在数据透视表中，还可以像在普通工作表中一样，设置数据透视表的单元格样式，具体操作步骤如下。

步骤1：选择合适的单元格格式。选中数据透视表中需要设置单元格格式的区域，在"开始"选项卡下的"样式"选项组中,在"单元格样式"下拉列表中选择需要的单元格样式,如图7-60所示。

步骤2:查看应用单元格格式后的效果。返回工作表中,查看应用"计算"格式的效果,如图7-61所示。

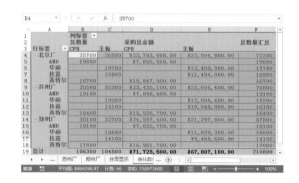

图7-60　　　　　　　　　　　图7-61

知识点拨: 设置单元格格式

除了上面介绍应用单元格样式设置单元格外,也可以在"开始"选项卡下的"字体"选项组,或单击"字体"选项组的对话框启动器按钮,在打开的"设置单元格格式"对话框中,设置数据透视表的单元格格式。

7.2 制作采购数据分析表

采购数据分析表是采购部门不可缺少的表格之一,它记录着所有需要采购产品的相关信息。通过采购数据分析表还可以控制采购的进程,本节主要介绍使用切片器和日程表对采购表内的数据进行分析。

7.2.1 数据透视表中的数据分组

对数据透视表中的数据进行分组,可以显示要分析的数据的子集,更方便进行数据分析操作。下面介绍数据的分组和取消分组及对日期进行分组的方法。

（1）分组

在Excel中可以很方便地对数据透视表进行项目的分组,下面具体介绍对销售的产品进行分组的操作方法。

步骤1:快捷菜单创建组。打开"采购明细表"工作簿,按住Ctrl键选中A8、A9和A11单元格,单击鼠标右键,在快捷菜单中选择"创建组"命令,如图7-62所示。

步骤2:功能区创建组。可见已经创建"数据组1"。选择需要分组的单元格,切换至"数据透视表工具>分析"选项卡,单击"分组"选项组中的"组选择"按钮,如图7-63所示。

图7-62

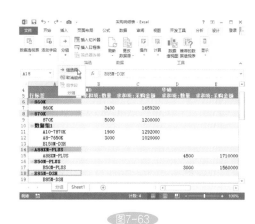

图7-63

步骤3： 继续创建分组。按照同样的方法，根据需要创建分组，如图7-64所示。

步骤4： 对数据进行重命名操作。选中"数据组1"所在的单元格，按下F2键，这时该数据组名称处于可编辑状态，为该数据组输入合适的数据组名称，如图7-65所示。按同样的方法分别对分组进行重命名。

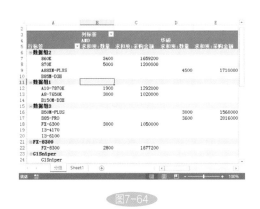

图7-64

图7-65

（2）取消分组

如果需要取消对数据分组操作，选中分组数据名称所在的单元格，如选中A4单元格，单击鼠标右键，在快捷菜单中选择"取消组合"命令，如图7-66所示。

除此之外，选中A4单元格，切换至"数据透视表工具>分析"选项卡，单击"分组"选项组中的"取消组合"按钮，如图7-67所示。

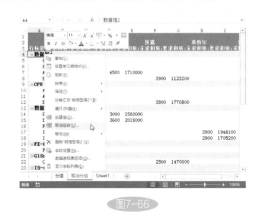

图7-66

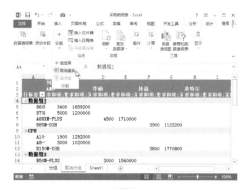

图7-67

（3）对日期进行分组

对于日期型数据，数据透视表可以按秒、分、小时、日、月份、季度和年度等多种时间单位进行分组，具体操作步骤如下。

步骤1： 打开"组合"对话框。打开"采购明细表"工作簿，选中日期字段的任意单元格，如A10单元格，切换至"数据透视表工具>分析"选项卡，单击"分组"选项组中的"组选择"按钮，如图7-68所示。

步骤2： 设置按日期组合的步长。在打开的"组合"对话框中，先设置日期的起始日期，然后在"步长"列表框中选择日期单位，这里默认是选择"月"，单击"确定"按钮，如图7-69所示。

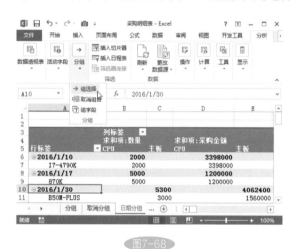

图7-68

图7-69

步骤3： 查看按"月"分组的效果。返回工作表中，可以看到数据透视表中的数据已经按月进行了相应的分级显示，每月的采购明细看上去更直观了，如图7-70所示。

图7-70

7.2.2　创建切片器

切片器是以一种直观的交互方式来实现数据透视表中数据的快速筛选。在工作表中插入切片器，可使用按钮对数据进行快速分析和筛选。

（1）插入切片器

为数据透视表插入切片器，可以快速进行数据筛选，那如何插入切片器呢？下面为"采购明细表"插入切片器，具体操作步骤如下。

步骤1：插入切片器。打开"采购明细表"工作表，选中透视表中任意单元格，切换至"插入"选项卡，单击"筛选器"选项组中的"切片器"按钮，如图7-71所示。

步骤2：选择插入切片器的字段。弹出"插入切片器"对话框，勾选"品牌"和"产品名称"复选框，然后单击"确定"按钮，如图7-72所示。

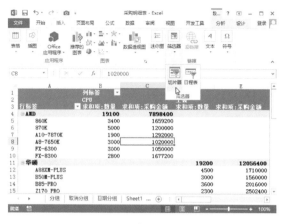

图7-71

图7-72

步骤3：查看插入切片器效果。返回工作表中，查看插入"品牌"和"产品名称"切片器的效果，如图7-73所示。

　　除了上面介绍的方法外，还可以切换至"数据透视表工具>分析"选项卡，单击"筛选"选项组中的"插入切片器"按钮，如图7-74所示。弹出"插入切片器"对话框，根据步骤2的方法选择字段即可。

图7-73

图7-74

（2）调整切片器的位置和大小

在工作表中插入切片器后，可以根据需要调整切片器的位置，还可以设置切片器的大小，具体操作步骤如下。

步骤1：调整切片器的位置。选中切片器，单击切片器标签，按住鼠标左键并拖拽，将切片器移动到指定位置后释放鼠标左键即可，如图7-75所示。

步骤2：调整切片器的大小。选中要设置大小的切片器，将光标移至切片器的上下左右4个角，待光标变成双向箭头形状时，按住鼠标左键拖曳即可改变其大小，如图7-76所示。

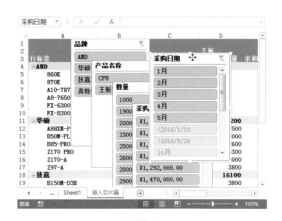

图7-75

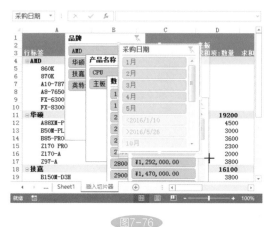

图7-76

步骤3：选择多个切片器。选中一个切片器后，按住Ctrl键不放，再选择其他切片器，即可同时选中多个切片器，如图7-77所示。

步骤4：精确调整切片器的大小。切换至"切片器工具>选项"选项卡，在"大小"选项组中设置切片器的宽度值与高度值，如图7-78所示。

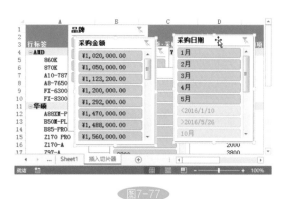

图7-77

图7-78

知识点拨： 调整切片器内字段项的大小

不仅可以更改切片器的大小，还可更改字段的大小。打开数据透视表，选中切片器，切换至"切片器工具>选项"选项卡，在"按钮"选项组中分别设置高度和宽度即可，如图7-79所示。其中切片器的宽度是随着字段项宽度变化而变化的，高度保持不变。

图7-79

（3）多列显示切片器内的字段

如果切片器内的字段很多，在操作时需要拖动滚动条，很麻烦，可以设置多列显示，使用字段同时显示，具体操作步骤如下。

步骤1： 设置分列的数量。打开数据透视表，首先选中"数量"切片器，然后切换至"切片器工具/选项"选项卡，在"按钮"选项组中设置"列"为3，如图7-80所示。

步骤2： 查看多列显示的效果。返回透视表查看设置多列显示的效果，如图7-81所示。其中字段项的宽度是根据切片器的宽度变化而变化的，高度保持不变。

图7-80

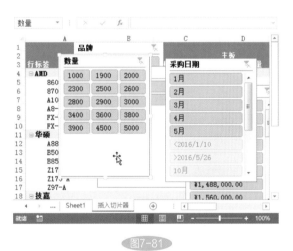

图7-81

（4）应用切片器进行筛选

使用切片器，可以通过简单的单击，对不同字段进行筛选，使得筛选数据更加快速和直观，下面以"采购明细表"为例，介绍切片器的应用，具体操作步骤如下。

步骤1： 筛选"产品名称"字段。打开数据透视表，选中"产品名称"切片器，单击需要查看的产品，此处选择CPU，在透视表筛选出CPU的相关信息，如图7-82所示。

步骤2： 筛选"品牌"字段。然后在"品牌"切片器中，单击选择"英特尔"选项，数据透视表则会显示英特尔CPU的相关信息，如图7-83所示。

注意事项： 在切片器中选择多个字段

选中切片器中某个字段后，按住Ctrl键再依次选择其他字段，选择完成后松开Ctrl键即可。在透视表中会显示选中的字段信息。

图7-82

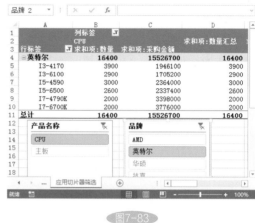

图7-83

（5）清除切片器的筛选结果

查看筛选结果后，若需要恢复透视表的所有数据，可以清除不需要的筛选条件，具体操作步骤如下。

步骤1：清除筛选条件。打开数据透视表，选中"品牌"切片器，单击切片器的右上角"清除筛选器"按钮，如图7-84所示。

步骤2：查看效果。返回透视表中，查看清除品牌筛选后的效果，如图7-85所示。

图7-84

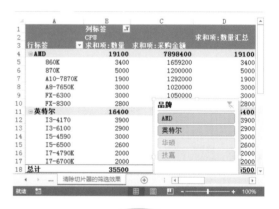

图7-85

注意事项：清除所有切片器的筛选条件

如果要清除所有切片器的筛选结果，选中透视表中任意单元格，切换至"数据透视表工具>分析"选项卡，单击"操作"选项组中的"清除"下三角按钮，在下拉列表中选择"清除筛选"选项即可。

（6）设置切片器样式

Excel为切片器提供多种切片器样式，用户只需要选择合适的样式，即可为切片器应用美丽的外观，用户还可以自定义切片器的外观，具体操作步骤如下。

步骤1：打开切片器样式库。打开数据透视表，选中"品牌"切片器，切换至"切片器工具>选项"选项卡，在"切片器样式"选项组中单击"其他"按钮，如图7-86所示。

步骤2：选择切片器样式。在打开的切片器样式中选择需要的样式，此处选择"切片器样式浅色6"样式，即可应用切片器样式，如图7-87所示。

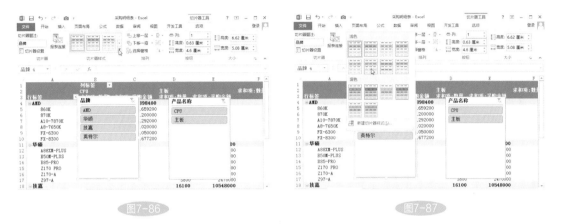

图7-86

图7-87

步骤3：自定义切片器样式。选中"产品名称"切片器，单击"其他"按钮，在下拉列表中选择"新建切片器样式"选项，弹出"新建切片器样式"对话框，在"切片器元素"选项区选中"页眉"，单击"格式"按钮，如图7-88所示。

步骤4：设置格式。弹出"格式切片器元素"对话框，设置字体、字号和颜色，如图7-89所示。

图7-88

图7-89

步骤5：查看设置切片器样式的效果。按照以上方法分别设置切片器的其他元素，设置完成后，为"产品名称"切片器应用新建样式，如图7-90所示。

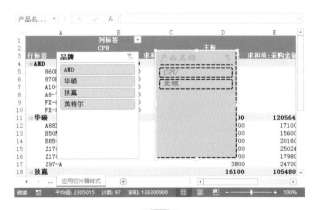

图7-90

7.2.3 创建日程表

虽然使用切片器筛选数据非常方便，但对于日期格式的字段还是有一定的局限性。如果数据透视表中包含日期字段，可以使用 Excel 2013 新增的日程表功能，以便按时间进行筛选。

（1）插入日程表

很多数据透视表都会显示日期字段，插入日程表后，分析日期数据将会更方便快捷，下面介绍如何插入日程表，具体操作步骤如下。

步骤 1：插入日程表。打开"采购明细表"工作簿，选中数据透视表内任意单元格，切换至"插入"选项卡，单击"筛选器"选项组中的"日程表"按钮，如图7-91所示。

步骤 2：选择日期筛选的字段。弹出"插入日程表"对话框，勾选"采购日期"复选框，然后单击"确定"按钮，如图7-92所示。

图7-91

图7-92

步骤 3：查看插入日程表的效果。返回透视表中查看插入日程表的效果，如图7-93所示。

除了上面介绍的方法外，还可以切换至"数据透视表工具>分析"选项卡，单击"筛选"选项组中的"插入日程表"按钮，也可以插入日程表，如图7-94所示。

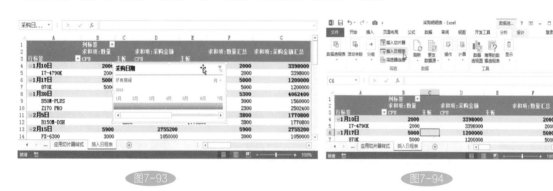

图7-93   图7-94

（2）利用日程表进行筛选

利用日程表可以快速、准确地进行日期筛选。日程表的日期筛选功能很强大，而且操作起来很简单。下面以"采购明细表"为例介绍日程表的使用方法。

步骤 1：设置筛选日期的单位。打开"采购明细表"工作簿，单击"采购日期"切片器右上角

"月"下三角按钮，选择"季度"选项，如图7-95所示。

步骤2：选择日期段。在切片器中单击需要查看的季度名称即可，此处选择"第2季度"，返回工作表中查看结果，如图7-96所示。

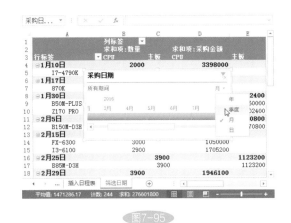

图7-95

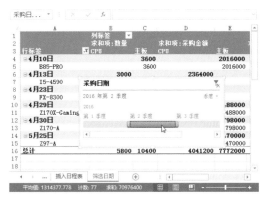

图7-96

步骤3：设置筛选日期的单位。单击"采购日期"切片器右上角"季度"下三角按钮，选择"月"选项，如图7-97所示。

步骤4：选择日期段。选择"2月"，然后单击右侧控制柄向右拖曳至"5月"，返回工作表中查看结果，如图7-98所示。

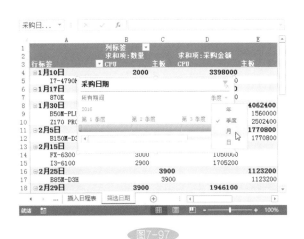

图7-97

图7-98

步骤5：查看筛选日期的结果。返回工作表中，查看筛选2～5月的采购明细，如图7-99所示。

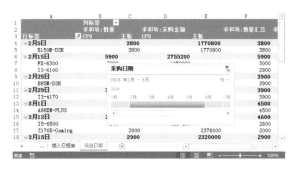

图7-99

（3）更改日程表样式

日程表和切片器一样，可以为其应用美丽的外观。可以套用系列自带的样式，也可以根据个人喜好设置样式，具体操作步骤如下。

步骤1：打开日程表的样式库。打开"采购明细表"工作簿，选中"采购日期"切片器，切换至"日程表工具>选项"选项卡，单击"日程表样式"选项组中"其他"按钮，如图7-100所示。

步骤2：选择日程表的样式。在打开的日程表样式库中选择合适的样式，此处选择"日程表样式深色6"样式，如图7-101所示。

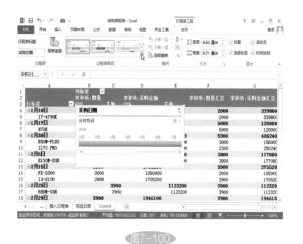

图7-100

图7-101

步骤3：自定义日程表样式。单击"其他"按钮，在列表中选择"新建日程表样式"选项，打开"新建日程表样式"对话框，在"日程表元素"区域选择"标题"选项，然后单击"格式"按钮，如图7-102所示。

步骤4：设置标题的格式。打开"设置日程表元素的格式"对话框，在"字体"选项卡中设置字体的格式，单击"确定"按钮，如图7-103所示。

图7-102

图7-103

步骤5：查看设置日程表样式后的效果。根据上述方法设置日程表其他元素的格式，然后再应用设置的样式，返回工作表中，查看应用自定义日程表样式后的效果，如图7-104所示。

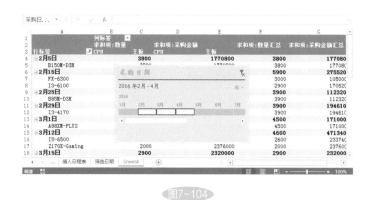

图7-104

7.3 制作超市库存表

超市是人们购买生活用品的地方，超市的物品非常齐全，哪些商品需要补货，哪些商品滞留比较多，只有合理地管理库存才能保证超市经营正常，因此超市库存表是有效地管理库存的工具。本节将介绍通过数据透视图展示超市洗漱用品的数据分析。

7.3.1 创建库存数据透视图

数据透视图是数据透视表数据的图形化形式，也是交互式的。有2种方法创建数据透视图，以下将分别介绍。

方法1： **通过数据区域创建**

步骤1： 打开"创建数据透视图"对话框。打开"超市库存表"工作表，选中表格内任意单元格，切换至"插入"选项卡，单击"图表"选项组中"数据透视图"按钮，如图7-105所示。

步骤2： 设置数据透视图的位置。打开"创建数据透视图"对话框，选中"新工作表"单选按钮，然后单击"确定"按钮，如图7-106所示。

图7-105　　　　　　　　　图7-106

步骤3： 创建空白的数据透视图。在新的工作表中创建了一张空白的数据透视表和数据透视图，并打开"数据透视图字段"窗格，如图7-107所示。

步骤4： 设置数据透视图字段。在"数据透视图字段"导航窗格中分别勾选要添加的字段，即可在工作区创建相应的数据透视表和数据透视图，如图7-108所示。

图7-107

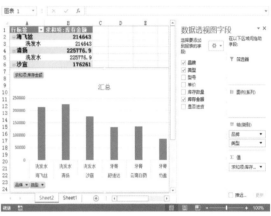

图7-108

方法2： 通过数据透视表创建

步骤1： 打开"创建数据透视图"对话框。打开创建好数据透视表的工作表，选中透视表内任意单元格，换至"数据透视表工具>分析"选项卡，单击"工具"选项组中"数据透视图"按钮，如图7-109所示。

步骤2： 选择图表类型。打开"插入图表"对话框，选择合适的图表类型，此处选择"饼图"，如图7-110所示。

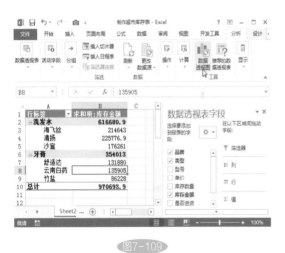

图7-109

图7-110

步骤3： 查看创建的数据透视图。返回工作表中可以看到，在数据透视表所在的工作表中已经插入了所选类型的图表，如图7-111所示。

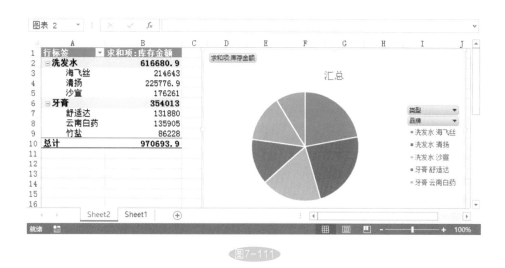

图7-111

7.3.2 编辑数据透视图

创建数据透视图后，用户可以对透视图进一步操作，以达到满意为止，如调整透视图的大小，更改透视图的类型以及美化数据透视图等。

（1）调整数据透视图的大小

用户可以根据需要调整数据透视图大小，主要有2种方法，通过工具栏进行精确调整和使用鼠标拖曳，具体操作步骤如下。

步骤1：精确调整透视图的大小。打开"超市库存表"工作簿，选中数据透视图，切换至"数据透视图工具>格式"选项卡，在"大小"选项组中设置高度和宽度，如图7-112所示。

步骤2：模糊调整大小。选中数据透视图后，在四周出8个控制点，将光标移动至任意一个控制点变为双箭头时，然后按下鼠标左键进行拖曳即可，如图7-113所示。

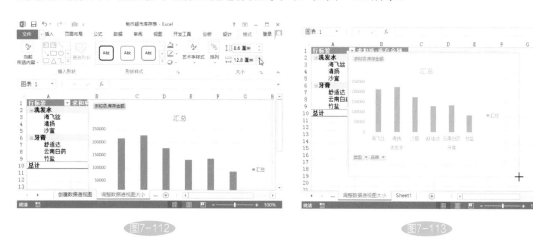

图7-112   图7-113

（2）更改数据透视图的类型

Excel提供了多种预设的数据透视图类型，可以根据需要更换图表类型，以使图表能够更准确地反映出数据特征，具体操作步骤如下。

步骤1：打开"更改图表类型"对话框。打开创建数据透视图的工作表，选中图表，切换至"数据透视图工具>设计"选项卡，单击"类型"选项组中的"更改图标类型"按钮，如图7-114所示。

步骤2：选择图表类型。打开"更改图表类型"对话框，选择合适的图表类型，此处选择"饼图"类型，单击"确定"按钮，如图7-115所示。

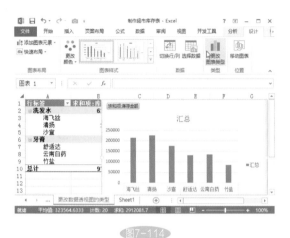

图7-114

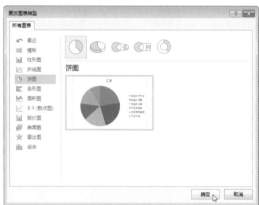

图7-115

步骤3：查看更改数据透视图类型后的效果。返回工作表中可以看到更改数据透视图类型后的"饼图"效果，如图7-116所示。

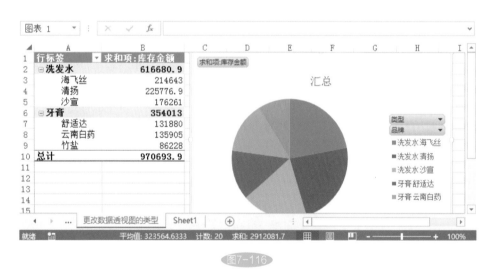

图7-116

（3）设置数据透视图的布局

创建数据透视图之后，用户可以设置数据透视图的布局，如添加标题、图例和数据标签等，也可以应用系统提供的布局，具体操作步骤如下。

步骤1：设置主要横坐标轴。打开"超市库存表"工作表，选中图表，切换至"数据透视图工具>设计"选项卡，在"图表布局"选项组中单击"添加图表元素"下三角按钮，在下拉列表中选择"坐标轴/主要横坐标轴"选项，如图7-117所示。

步骤2：输入图表标题。在下拉列表中选择"图表标题/图表上方"选项，然后输入图表的标题，如图7-118所示。

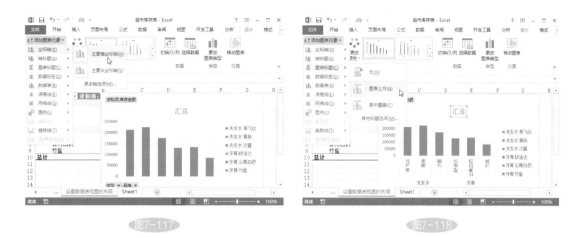

图7-117　　　　　　　　　　　　图7-118

步骤3：设置数据表显示位置。在下拉列表中选择"数据表/显示图例项标示"选项，如图7-119所示。

步骤4：设置图例显示位置。在下拉列表中选择"图例/顶部"选项，如图7-120所示。

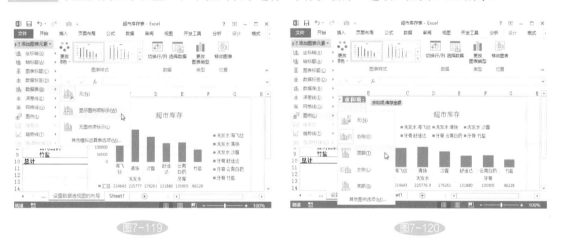

图7-119　　　　　　　　　　　　图7-120

步骤5：查看设置布局后的效果。返回工作表中，适当调整数据透视图的大小，查看设置布局后的效果，如图7-121所示。

图7-121

（4）在数据透视图中进行筛选

通过对数据透视图进行筛选操作，用户可以将满足条件的数据直观地在图表上显示，具体操作步骤如下。

步骤1：筛选"类型"字段。打开"超市库存表"工作簿，单击数据透视图右下角"类型"下三角按钮，在列表中勾选"洗发水"复选框，单击"确定"按钮，如图7-122所示。

步骤2：筛选"品牌"字段。单击"品牌"下三角按钮，在列表中取消勾选"清扬"复选框，单击"确定"按钮，如图7-123所示。

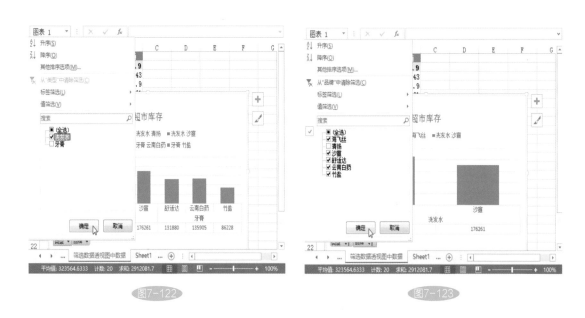

图7-122   图7-123

步骤3：查看筛选结果。返回数据透视图中，查看筛选的结果，如图7-124所示。

图7-124

（5）美化数据透视图

Excel为用户提供很多数据透视图的样式，用户可以直接套用这些样式，也可以根据自己的要求设置图表的样式，例如为图表添加背影、设计边框等，以达到美化数据透视图的效果，具体操作步骤如下。

步骤1：套用系统的数据透视图样式。打开"超市库存表"工作簿，选中数据透视图后，切换至"数据透视图工具＞设计"选项卡，单击"图表样式"选项组的"其他"下三角按钮，打开数据透视图样式库，选择合适的图表样式，如图7-125所示。

步骤2：打开"设置图表区域格式"窗格。选择数据透视图，单击鼠标右键，在弹出的快捷菜单中选择"设置图表区域格式"命令，如图7-126所示。

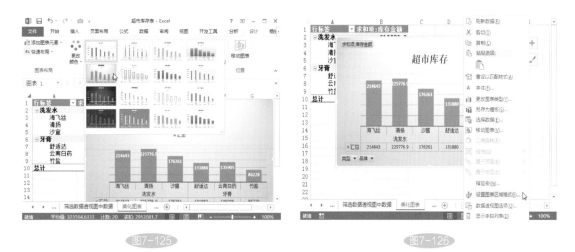

图7-125　　　　　　　　　　　　　图7-126

步骤3：设置边框。打开"设置图表区域格式"窗格，在"填充线条"选项卡中设置边框的线条，在"效果"选项卡中设置边框发光效果，如图7-127所示。

步骤4：设置填充背景。在"填充线条"选项卡中的"填充"区域，选择"图片或纹理填充"单选按钮，然后单击"文件"按钮，如图7-128所示。

图7-127　　　　　　　　　　　　　图7-128

步骤5： 选择背景图片。打开"插入图片"对话框，选择合适的图片，然后单击"插入"按钮，如图7-129所示。

步骤6： 查看效果。返回工作表中，查看设置数据透视图格式后的效果，如图7-130所示。

图7-129

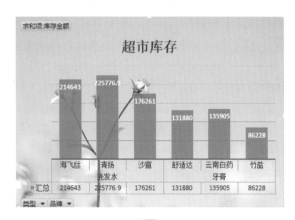

图7-130

第8章

用图表来显示数据

本章概述

　　展示数据信息时一般遵循的原则：能用数据展示的，尽量不用文字说明；能用图形显示的，最好不用数据说明。因为数据比文字有说服力，而我们对图形的理解和记忆能力又远远胜过文字和数据。在Excel中为用户提供了多种图形的类型为展示不同数据使用，Excel提供的图表有柱形图、条形图、饼图、折线图和面积图等。同时Excel还为用户提供了迷你图。

　　本章主要介绍图表的应用，包括图表的创建、布局及美化，迷你图的创建等具体应用。

知识点一览

图表的创建

设置图表的布局

应用图表样式

图表的应用

迷你图的创建

更改迷你图的类型

清除迷你图

应用迷你图样式

8.1 制作水果销售分析图表

为了让统计数据更加直观形象，在此将以水果销售分析图的制作为例展开介绍。本节将从最基本的图表创建操作讲起，对图表的应用知识进行全方位介绍。

8.1.1 创建图表

要想更好地展示数据，选择合适的图表类型是非常重要的，在Excel 2013中提供了"推荐的图表"功能，应用该功能，Excel会根据所选择的数据类型推荐合适的图表。

（1）插入图表

图表是展示数据的途径之一，下面介绍为工作表插入图表的2种方法。

方法1： 使用推荐的图表

步骤1： 打开"插入图表"对话框。打开"水果销售表"工作表，选中需要创建图表的单元格区域，切换至"插入"选项卡，单击"图表"选项组中"推荐的图表"按钮，如图8-1所示。

步骤2： 选择合适的图表。打开"插入图表"对话框，在"推荐的图表"选项卡下，查看Excel为所选数据提供的推荐图表列表，选择所需的图表类型，单击"确定"按钮，如图8-2所示。

图8-1

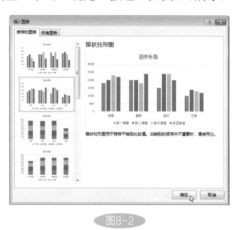

图8-2

步骤3： 查看创建的图表效果。返回工作表中，在工作表创建了选中的图表样式，如图8-3所示。

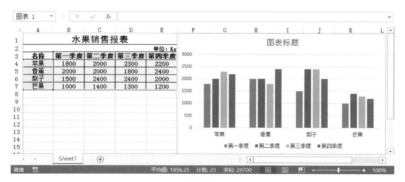

图8-3

方法2： **功能区创建图表**

步骤1： 选择图表类型。选中表内任意单元格，切换至"插入"选项卡，单击"图表"选项组中"插入饼图或圆环图"下三角按钮，在列表中选择合适的图表类型，此处选择"饼图"，如图8-4所示。

步骤2： 查看插入图表的效果。返回工作表，查看插入饼图的效果，如图8-5所示。

图8-4

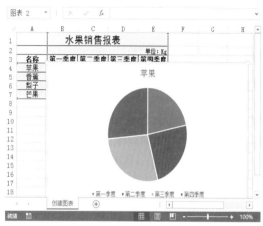

图8-5

知识点拨： **使用快捷键创建图表**

① 选择要创建图表单元格区域的任一单元格，按下F11键，在工作表中将生成一个名为Chart1的图表工作表。

② 选择要创建图表单元格区域的任一单元格，按下快捷键Alt+F1，在工作表中创建一个嵌入图表。

以上介绍的都是为连续单元格区域创建图表，用户还可以为不连续的单元格创建图表，创建的方法都一样，只需要先选中需要创建图表的不连续单元格区域，然后按照上述方法操作即可创建图表。

（2）将图表复制为图片

如果不希望创建的图表被修改，可以应用复制的方法，将图表转换为图片格式。转换后的图表将不会随着源数据的改变而发生改变，具体操作步骤如下。

步骤1： 复制图表。打开"水果销售表"工作簿，选中图表，切换至"开始"选项卡，单击"剪贴板"选项组中"复制"按钮，如图8-6所示。

步骤2： 粘贴图表。选择需要粘贴的位置，单击"剪贴板"选项组中"粘贴"下三角按钮，选择"图片"选项，即可将图表复制为图片，如图8-7所示。

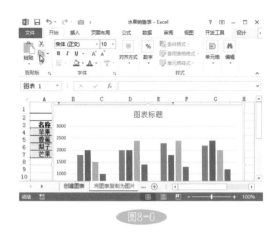
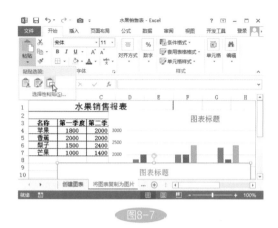

图8-6　　　　　　　　　　　　　　　　　图8-7

（3）更改图表类型

创建图表后，如果觉得选择的图表类型不能更好地表现数据，还可以更改为其他更合适的图表类型，具体操作步骤如下。

步骤1： 打开"更改图表类型"对话框。打开"水果销售表"工作簿，选中图表，切换至"图表工具>设计"选项卡，单击"类型"选项组中"更改图表类型"按钮，如图8-8所示。

步骤2： 选择图表类型。打开"更改图表类型"对话框，选择"折线图"类型，选择合适的图表，单击"确定"按钮，如图8-9所示。

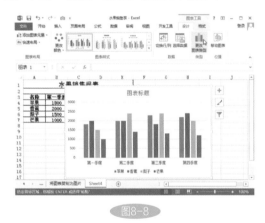
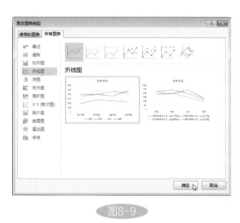

图8-8　　　　　　　　　　　　　　　　　图8-9

步骤3： 查看更改图表类型后的效果。返回工作表中，可见柱形图已经更改为折线图了，如图8-10所示。

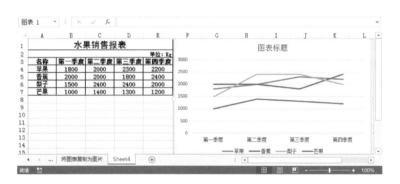

图8-10

知识点拨： 更改图表类型的其他方法

　　① 选中图表，切换至"插入"选项卡，在"图表"选项组中单击相应的图表类型下三角按钮，重新选择所需的图表类型即可。

　　② 选中图表，单击鼠标右键，在弹出的快捷菜单中选择"更改图表类型"命令，也可以在打开的"更改图表类型"对话框中，重新选择所需的图表类型。

（4）固定图表的大小

　　在Excel中调整行高或列宽，图表的高度和宽度会随之改变，图表的长宽比不是很协调，所以设置好图表大小后，再设置固定图表大小即可，具体操作步骤如下。

步骤1： 打开"设置图表区格式"窗格。打开"水果销售表"工作簿，选中图表，切换至"图表工具>格式"选项卡，单击"大小"选项组的对话框启动器按钮，如图8-11所示。

步骤2： 设置大小固定。打开"设置图表区格式"窗格，在"属性"区域选中"大小固定，位置随单元格而变"单选按钮即可，如图8-12所示。

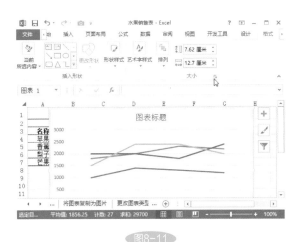

图8-11

图8-12

　　若想让图表的大小和位置均不随行高或列宽的变化而变化，则可以在"设置图表区格式"窗格的"属性"区域中，选中"大小和位置均固定"单选按钮即可。

（5）更改图表的数据源

　　图表是数据的表现形式，当数据发生改变了，用户可以更改图表的数据源，使图表和数据更好地链接，具体操作步骤如下。

步骤1： 查看原始的图表。打开"水果销售表"工作簿，切换至"更改数据源"工作表，可见只显示苹果和香蕉销售数据，如图8-13所示。

步骤2： 打开"选择数据源"对话框。选中图表，切换至"图表工具>设计"选项卡，单击"数据"选项组中的"选择数据"按钮，如图8-14所示。

步骤3： 选择更改的数据源。打开"选择数据

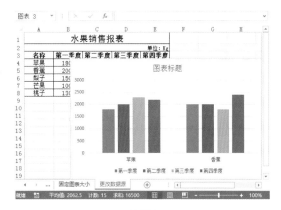

图8-13

源"对话框,单击"图表数据区域"右侧折叠按钮,返回工作表中,选择更改的数据源,此处选择A6:E8单元格区域,然后再单击折叠按钮,如图8-15所示。

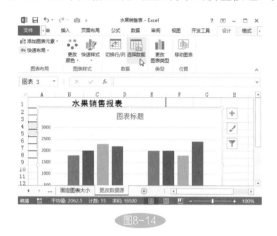
图8-14

图8-15

步骤4: 查看原始的图表。返回"选择数据源"对话框中,单击"图例项"区域的"编辑"按钮,如图8-16所示。

步骤5: 选择系列名称。打开"编辑数据系列"对话框,单击"系列名称"折叠按钮,返回工作表中选择B3:E3单元格区域,单击折叠按钮,返回"编辑数据系列"对话,单击"确定"按钮,如图8-17所示。

图8-16

图8-17

步骤6: 设置轴标签。返回"选择数据源"对话框中,单击"水平"区域的"编辑"按钮,弹出"轴标签"对话框,选中工作表中A6:A8单元格区域,然后单击"确定"按钮,如图8-18所示。

步骤7: 查看更改数据源后的图表效果。返回"选择数据源"对话框,单击"确定"按钮,返回工作表中,可见图表中显示梨子、芒果和桃子的数据,如图8-19所示。

图8-18

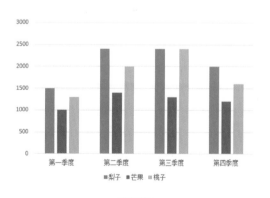
图8-19

（6）创建复合图表

当图表中有多种数据时，用户可以将不同的数据系列转换为不同的图表类型，使数据系列之间的关系更加明晰地反映出来，具体操作步骤如下。

步骤1：打开"插入图表"对话框。打开"水果销售表"工作表，选择创建图表的单元格区域，切换至"插入"选项卡，单击"图表"选项组中的对话框启动器按钮，如图8-20所示。

步骤2：设置组合图表的类型。打开"插入图表"对话框，切换至"所有图表"选项卡，选择"组合"选项，在右侧设置各系列的图表类型，如图8-21所示。

步骤3：查看效果。单击"确定"按钮，返回工作表中查看设置组合图表后的效果，如图8-22所示。

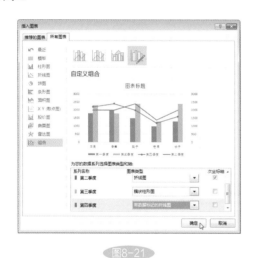

图8-21

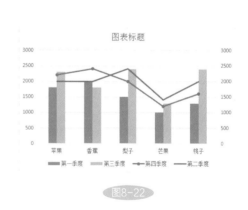

图8-22

8.1.2 图表的布局

创建好的图表满足不了用户的需求，用户可以为图表添加一些想要的元素，也可以设计图表的外观，从而使用图表更专业、更美观。

（1）添加图表和坐标轴标题

为了使图表和坐标轴的意义更加明了，用户可以为图表和坐标轴添加标题，让图表更完善，具体操作步骤如下。

步骤1：设置图表标题的位置。打开"水果销售表"工作表，选中图表，切换至"图表工具>设计"选项卡，单击"图表布局"选项组中的"添加图表元素"下三角按钮，在列表中选择"图表标题>图表上方"选项，如图8-23所示。

步骤2：输入标题。在图表的上方出现标题的文本框，删除"图表标题"文字，重新输入标题，如图8-24所示。

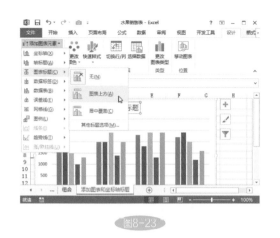

图8-23

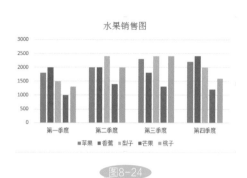

图8-24

步骤3：设置图表标题格式。选中标题文字，切换至"开始"选项卡，在"字体"选项组中设置字形、字号和颜色等，如图8-25所示。

步骤4：设置横坐标轴。在"添加图表元素"列表中选择"轴标题＞主要横坐标轴"选项，如图8-26所示。

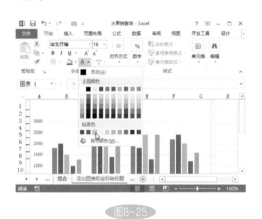

图8-25

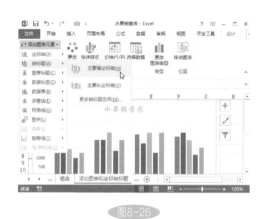

图8-26

步骤5：输入坐标轴标题并设置格式。输入横坐标轴标题，然后在"字体"选项组中设置字形、字号和颜色等，如图8-27所示。

步骤6：查看设置图表和坐标轴标题效果。返回工作表中，查看最终效果，如图8-28所示。

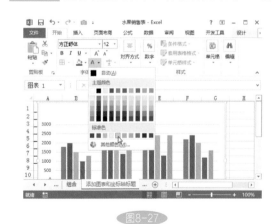

图8-27

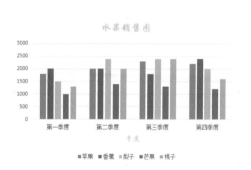

图8-28

（2）添加图例和数据标签

图例是图表中各种符号和颜色所表示内容的说明，有助于查看图表；数据标签是将系列的数据显示出来，下面具体介绍添加图例和数据标签的方法。

步骤1： 设置图例的位置。打开"水果销售表"工作表，选中图表，切换至"图表工具>设计"选项卡，单击"图表布局"选项组中的"添加图表元素"下三角按钮，在列表中选择"图例>顶部"选项，如图8-29所示。

步骤2： 添加数据标签。在"添加图表元素"列表中选择"数据标签>数据标签内"选项，如图8-30所示。

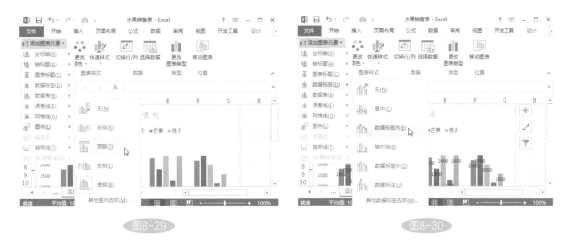

图8-29　　　　　　　　　　　　　　　　图8-30

步骤3： 设置桃子数据标签的格式。选中桃子的数据标签，单击鼠标右键，在快捷菜单中选择"设置数据标签格式"命令，如图8-31所示。

步骤4： 设置数据标签的填充颜色。打开"设置数据标签格式"窗格，在"填充线条"选项卡内设置填充颜色，如图8-32所示。

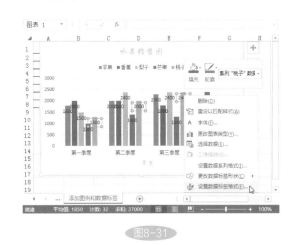

图8-31

图8-32

步骤5： 设置芒果数据标签的形状。选中芒果的数据标签，单击鼠标右键，在快捷菜单中选择"更改数据标签形状>椭圆"命令，如图8-33所示。

步骤6： 查看效果。根据上述方法为其他标签添加格式，可见数据很容易分辨出是哪个系列的数据标签，如图8-34所示。

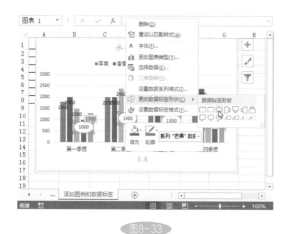

图8-33

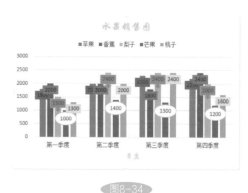

图8-34

（3）添加趋势线

为了更直观地表现数据的变化趋势，还可以为图表添加趋势线。下面具体介绍添加趋势线的方法，具体操作步骤如下。

步骤1：添加"线性"趋势线。打开"水果销售表"工作表，选中图表，切换至"图表工具 > 设计"选项卡，单击"图表布局"选项组中的"添加图表元素"下三角按钮，在列表中选择"趋势线 > 线性"选项，如图8-35所示。

步骤2：选择添加趋势线的系列。打开"添加趋势线"对话框，在"添加基于系列的趋势线"区域选择"苹果"选项，单击"确定"按钮，如图8-36所示。

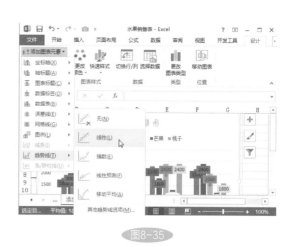

图8-35

步骤3：打开"设置趋势线格式"窗格。选中趋势线，单击鼠标右键，在快捷菜单中选择"设置趋势线格式"命令，如图8-37所示。

图8-36

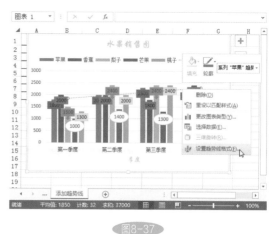

图8-37

步骤4：设置趋势线的格式。打开"设置趋势线格式"窗格，在"填充线条"和"效果"选项卡中，设置线条、颜色和发光效果，如图8-38所示。

步骤5：查看添加趋势线的效果。返回工作表中，查看添加并设置趋势线后的效果，如图8-39所示。

图8-38

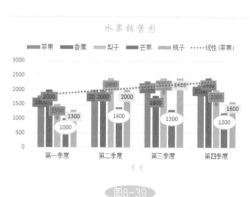

图8-39

注意事项： **趋势线适用的图表类型**

趋势线主要适用非堆积二维图表，如面积图、条形图、柱形图、折线图、股份图、散点图和气泡图。

不但可以为现有的数据添加趋势线，表示数据的趋势，还可以将趋势线延伸以帮助预测未来值，具体操作步骤如下。

步骤1：添加"线性预测"趋势线。打开"水果销售表"工作表，选中图表，切换至"图表工具>设计"选项卡，单击"图表布局"选项组中的"添加图表元素"下三角按钮，在列表中选择"趋势线>线性预测"选项，如图8-40所示。

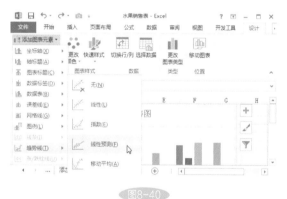

图8-40

步骤2：选择添加趋势线的系列。打开"添加趋势线"对话框，在"添加基于系列的趋势线"区域选择"苹果"选项，单击"确定"按钮，如图8-41所示。

步骤3：查看预测效果。返回工作表中，可见预测苹果的第四季度销售数量是上升状态，如图8-42所示。

图8-41

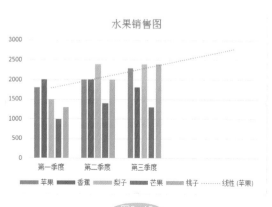

图8-42

8.1.3 美化图表

图表制作完成,要想让图表脱颖而出,还需要对图表进行必要的美化处理,让图表看上去更加专业。下面主要介绍应用图表样式、形状样式和添加艺术字等。

(1) 快速应用图表样式

Excel提供了多种多样的图表样式,用户可以直接应用,即省时又省力。下面介绍应用图表样式,具体操作步骤如下。

步骤1: 打开图表样式库。打开"水果销售表"工作表,选中图表,切换至"图表工具>设计"选项卡,单击"图表样式"选项组中"其他"按钮,如图8-43所示。

步骤2: 选择合适的图表样式。打开图表样式库,选择合适的样式,此处选择"样式14",如图8-44所示。

步骤3: 查看应用图表样式后的效果。返回工作表中,查看应用图表样式后的效果,如图8-45所示。

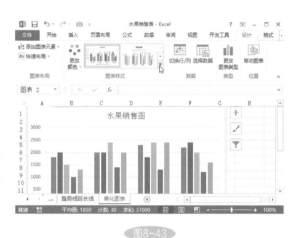

图8-43

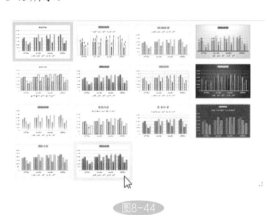

图8-44

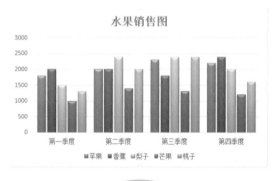

图8-45

(2) 应用形状样式

默认的图表背景是纯白的,用户可以为图表设置形状样式、填充颜色和轮廓格式,还可以为图表添加效果,具体操作步骤如下。

步骤1: 打开形状样式库。打开"水果销售表"工作表,选中图表,切换至"图表工具>格式"选项卡,单击"形状样式"选项组中"其他"按钮,如图8-46所示。

步骤2: 选择形状样式。打开形状样式库,选择合适样式,如图8-47所示。

步骤3: 查看应用形状样式的效果。返回工

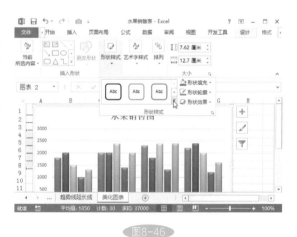

图8-46

作表中查看效果，如图8-48所示。

图8-47

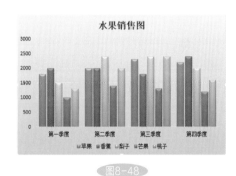

图8-48

步骤4：设置轮廓。保持图表被选中状态，单击"形状样式"选项组中"形状轮廓"下三角按钮，选择"虚线/长划线 点"形状，如图8-49所示。

步骤5：设置边框格式。再次单击"形状样式"选项组中"形状轮廓"下三角按钮，选择"虚线/其他线条"选项，打开"设置图表区格式"窗格，设置边框的样式、颜色和粗细，如图8-50所示。

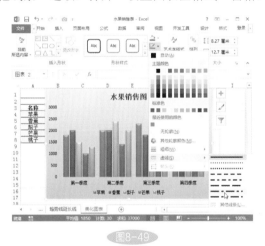

图8-49

图8-50

步骤6：设置边框的效果。在"设置图表区格式"窗格中切换至"效果"选项卡，为图表应用"阴影"效果，并设置阴影的相关参数，如图8-51所示。

步骤7：查看应用形状效果。返回工作表中，查看效果，如图8-52所示。

图8-51

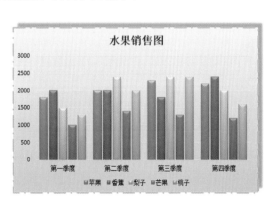

图8-52

（3）为图表添加背景图片

除了为图表添加填充颜色外，还可以添加背景图片，让图表更美观，下面介绍添加背景图片的具体操作。

步骤1：设置填充为图片。打开"水果销售表"工作表，选中图表，切换至"图表工具>格式"选项卡，单击"形状样式"选项组中"形状填充"下三角按钮，在列表中选择"图片"选项，如图8-53所示。

步骤2：选择形状样式。打开"插入图片"面板，单击"浏览"按钮，打开"插入图片"对话框，选择背景图片，单击"插入"按钮，如图8-54所示。

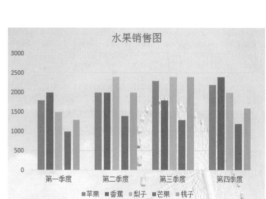

图8-53

步骤3：查看添加背景图片的效果。返回工作表中，查看为图表添加图片后的效果，如图8-55所示。

图8-54

图8-55

知识点拨：**通过窗格添加背景图片**

选中图表，单击鼠标右键，在快捷菜单中选择"设置图表区域格式"命令，打开"设置图表区格式"窗格，在"填充线条"选项卡中的"填充"区域，选中"图片或纹理填充"单选按钮，单击"文件"按钮，根据上述方法插入图片即可，如图8-56所示。

图8-56

（4）设置艺术字效果

用户不但可以在"开始"选项卡的"字体"选项组中设置文字的字体，还可为文字添加艺术字效果，使其更具有艺术气氛，具体操作步骤如下。

步骤1：打开艺术字样式库。打开"水果销售表"工作表，选中图表标题，切换至"图表工具>格式"选项卡，单击"艺术字样式"选项组中"其他"按钮，如图8-57所示。

步骤2： 选择艺术字样式。打开艺术字样式库，选中需要的艺术字样式，此处选择"渐变填充-水绿色 着色1 反射"样式，如图8-58所示。

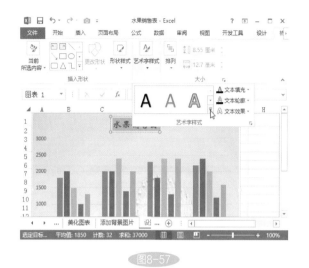

图8-57

图8-58

步骤3： 设置映像效果。单击"艺术字样式"选项组中"文本效果"下三角按钮，在列表中选择"映像>全映像"效果，如图8-59所示。

步骤4： 查看设置艺术字效果。设置字体，返回工作表中查看效果，如图8-60所示。

图8-59

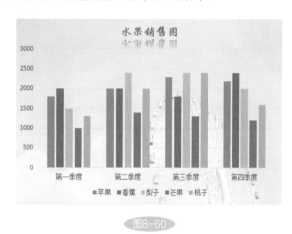

图8-60

8.1.4 目标进度图

柱形图主要表现数据之间的差异，在本小节利用柱形图来制作目标进度图，比较实际销量和任务销量的差距，具体操作步骤如下。

步骤1： 插入柱形图。打开"水果销售表"工作簿，切换至"目标进度图"工作表，选中A3:C7单元格区域，然后切换至"插入"选项卡，在"图表"选项组中，单击"插入柱形图"下三角按钮，选择"簇状柱形图"选项，如图8-61所示。

步骤2： 打开"设置数据系列格式"窗格。输入图表标题，选中"任务销量"系列，单击鼠标右键，在快捷菜单中选择"设置数据系列格式"命令，如图8-62所示。

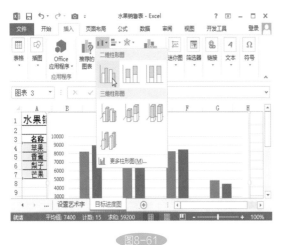
图8-61

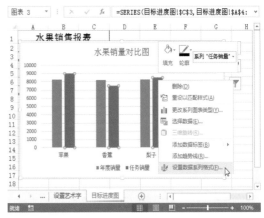
图8-62

步骤3： 设置系列重叠。弹出"设置数据系列格式"窗格，在"系列选项"区域设置"系列重叠"为100%，即可将两个系列重叠在一起了，如图8-63所示。

步骤4： 设置选中系列为无填充。保持"任务销量"系列为选中状态，切换至"图表工具>格式"选项卡，单击"形状样式"选项组中"形状填充"下三角按钮，选择"无填充颜色"选项，如图8-64所示。

图8-63

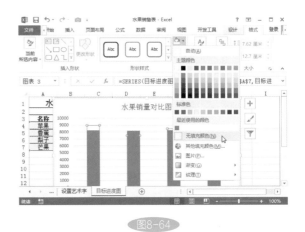
图8-64

步骤5： 设置系列的边框。单击"形状样式"选项组中"形状轮廓"下三角按钮，在列表中设置边框的颜色为红色，设置边框的粗细，如图8-65所示。

步骤6： 设置系列的数据标签。保持"任务销量"系列为选中状态，单击"图表元素"按钮，在列表中单击"数据标签"右侧按钮，选择"数据标签内"选项，并设置数据标签数字颜色为红色，按照同样的方法设置"年度销量"系列为"数据标签外"，如图8-66所示。

步骤7： 添加网格线。单击"图表元素"按钮，在列表中单击"网格线"右侧按钮，选择"主要次要水平网格线"选项，如图8-67所示。

图8-65

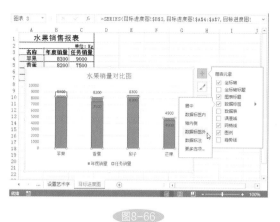
图8-66

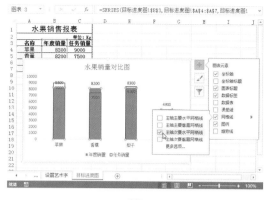
图8-67

步骤8：打开"设置次要网格线格式"窗格。选中网格线，单击鼠标右键，在快捷菜单中选择"设置网格线格式"命令，如图8-68所示。

步骤9：设置网格线的格式。打开"设置次要网格线格式"窗格，在"线条"区域选中"渐变线"单选按钮，设置渐变颜色，如图8-69所示。

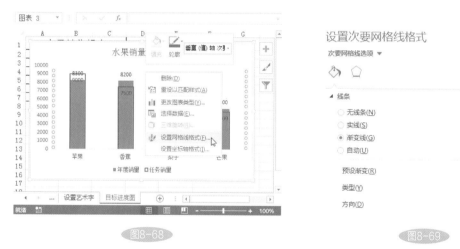
图8-68　　　　　　　　　　　　　　　　图8-69

步骤10：查看效果。根据之前学的知识为图表添加背景、设置标题格式等，查看最终效果，很清楚地查看各水果销量和任务销量对比，如图8-70所示。

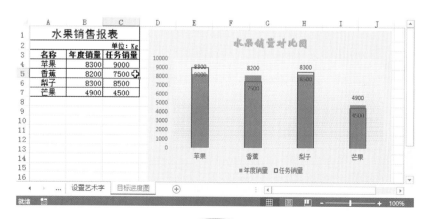
图8-70

8.2 制作办公用品销售统计图

　　某商场统计上半年办公用品的销售情况，本节将介绍迷你图分析统计的数据。使用迷你图可以快速、有效地比较数据，帮助我们直观了解数据的变化趋势。

8.2.1 创建单个迷你图

　　根据现有的数据创建迷你图，可以将一组数据的趋势以清晰简洁的图形形式显示在单元格中。下面介绍如何创建单个迷你图，具体步骤如下。

步骤1：插入迷你图。打开工作表，选择H4单元格，切换至"插入"选项卡，单击"迷你图"选项组中的"折线图"按钮，如图8-71所示。

步骤2：打开"创建迷你图"对话框。打开"创建迷你图"对话框，单击"数据范围"折叠按钮，如图8-72所示。

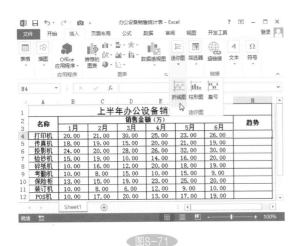

图8-71

图8-72

步骤3：选择数据区域。返回工作表中选择B4:G4单元格区域，然后单击折叠按钮，如图8-73所示。

步骤4：查看创建迷你图效果。返回"创建迷你图"对话框，单击"确定"按钮，查看效果，在功能区显示"迷你图工具"选项卡，如图8-74所示。

图8-73

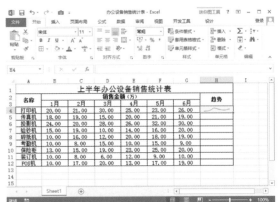

图8-74

如果创建迷你图前没选中单元格的位置，可以在"创建迷你图"对话框中输入位置，再选择数据区域，创建单个迷你图只能使用一行或一列数据作为数据源。

8.2.2　创建一组迷你图

用户可以为多行或多列数据创建一组迷你图，它们有相同的图表特征，下面介绍几种创建一组迷你图的方法。

（1）填充法

首先在工作表中创建单个迷你图，然后使用填充法将迷你图填充至相邻单元格中，创建一组数据，下面介绍2种填充的方法。

方法1： **填充柄填充法**

步骤1： 拖动填充柄。打开"办公设备销售统计表"工作表，在H4单元格中创建折线图，选中该单元格，将光标移至右下角，拖动填充柄至H12单元格，如图8-75所示。

步骤2： 查看填充后的效果。返回工作表，查看填充迷你图后的效果，如图8-76所示。

图8-75

图8-76

在工作表中选中H4单元格，将光标放在单元格的右下角，待光标变成十字形状时双击，即可将迷你图填充至H12单元格。

方法2： **填充命令填充法**

步骤1： 向下填充迷你图。打开"办公设备销售统计表"工作表，在H4单元格中创建柱形图，选中H4:H12单元格区域，切换至"开始"选项卡，单击"编辑"选项组中"填充"下三角按钮，选择"向下"选项，如图8-77所示。

步骤2： 查看填充后的效果。返回工作表，查看填充迷你图后的效果，如图8-78所示。

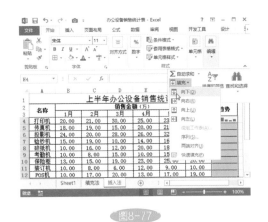

图8-77

图8-78

（2）插入法

插入法创建一组迷你图，就是选择相应的单元格区域，一次创建所有的迷你图，具体操作步骤如下。

步骤1：拖动填充柄。打开"办公设备销售统计表"工作表，选中H4:H12单元格区域，切换至"插入"选项卡，单击"迷你图"选项组中"柱形图"按钮，如图8-79所示。

步骤2：设置单元格区域。打开"创建迷你图"对话框，在"数据范围"文本框中输入B4:G12单元格，单击"确定"按钮，如图8-80所示。

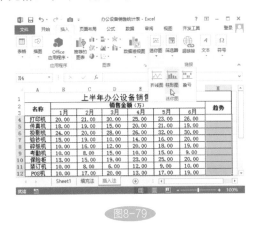

图8-79

图8-80

步骤3：查看创建柱形图的效果。返回工作表中，查看创建一组迷你图的效果，如图8-81所示。

	A	B	C	D	E	F	G	H
1		上半年办公设备销售统计表						
2	名称	销售金额（万）						趋势
3		1月	2月	3月	4月	5月	6月	
4	打印机	20.00	21.00	30.00	25.00	23.00	26.00	
5	传真机	18.00	19.00	15.00	20.00	21.00	19.00	
6	投影机	24.00	20.00	28.00	26.00	32.00	30.00	
7	验钞机	15.00	19.00	10.00	14.00	16.00	20.00	
8	碎纸机	10.00	16.00	12.00	20.00	18.00	19.00	
9	考勤机	10.00	8.00	15.00	10.00	15.00	9.00	
10	保险柜	13.00	15.00	19.00	23.00	25.00	20.00	
11	装订机	10.00	8.00	6.00	12.00	9.00	10.00	
12	POS机	10.00	17.00	20.00	13.00	17.00	19.00	

图8-81

8.2.3　更改迷你图类型

创建一组迷你图后，如果对该组迷你图的样式不满意，可以为该组迷你图更改类型，下面介绍具体操作方法。

步骤1： 更改迷你图类型。打开"办公设备销售统计表"工作表，选中已经创建迷你图的单元格区域，切换至"迷你图工具>设计"选项卡，单击"类型"选项组中"柱形图"按钮，如图8-82所示。

步骤2： 查看更改类型的效果。返回工作表，可见原有的折线图已经更改为柱形图了，如图8-83所示。

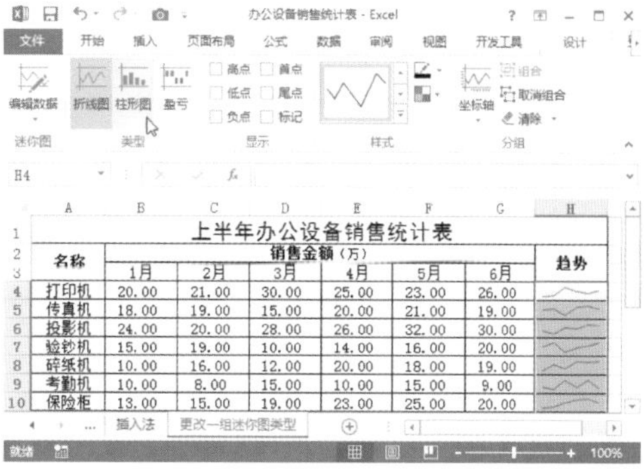

图8-82

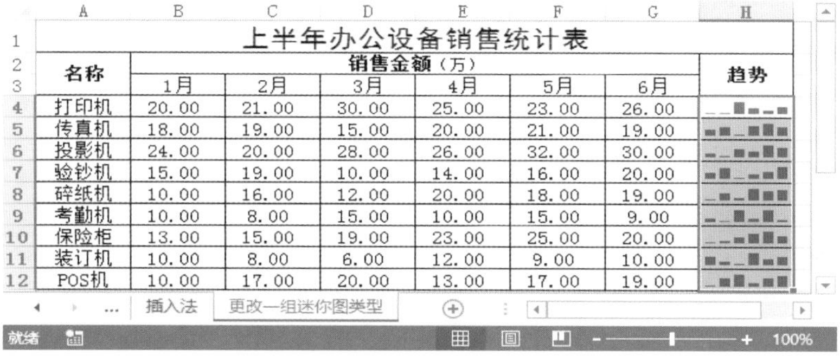

图8-83

用户可以更改一组迷你图的类型，也可以更改单个迷你图的类型。如果创建迷你图的时候是按组创建的，那么要对其中一个迷你图进行单独操作时，要先取消组合操作，具体操作步骤如下。

步骤1： 取消组合。打开"办公设备销售统计表"工作表，选中需要更改迷你图类型的单元格，此处选择H4单元格，切换至"迷你图工具>设计"选项卡，单击"分组"选项组中"取消组合"按钮，如图8-84所示。

步骤2： 更改迷你图类型。然后单击"类型"选项组中"柱形图"按钮，返回工作表中，查看更改后的效果，如图8-85所示。

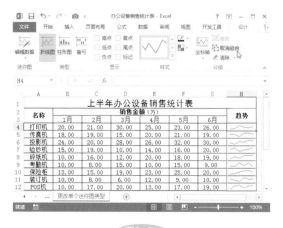

图8-84

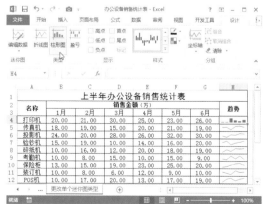

图8-85

8.2.4 控制迷你图的显示点

在迷你图中只有折线迷你图具有标记数据点的功能，用户可以为迷你图设置控制点，以便更清晰地反映数据。

（1）标记数据点

创建折线迷你图后，反映一系列数据的趋势，如果需要将各个数据在折线上标记出来，具体操作步骤如下。

步骤1：标记数据点。打开"办公设备销售统计表"工作簿，选择要标记数据点的折线迷你图，切换至"迷你图工具>设计"选项卡，在"显示"选项组中，勾选"标记"复选框，如图8-86所示。

步骤2：查看标记数据点的效果。返回工作表中，查看效果，系统默认的数据点是红色的，如图8-87所示。

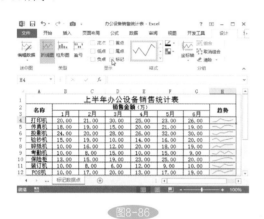

图8-86

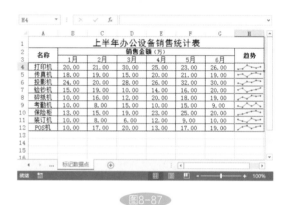

图8-87

（2）标记特殊数据点

除了标记出所有数据点之外，还可以标记出某些特殊的数据点，如高点、低点、负点等，具体操作步骤如下。

步骤1：勾选特殊标记数据点。打开"办公设备销售统计表"工作簿，选择折线迷你图，切换至"迷你图工具>设计"选项卡，在"显示"选项组中，勾选"高点"和"低点"复选框，如图8-88所示。

步骤2：查看标记特殊数据点的效果。返回工作表中，查看标记"高点"和"低点"数据点的效果，如图8-89所示。

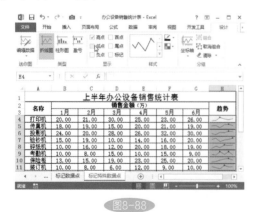

图8-88

图8-89

注意事项： 标记特殊数据点

如果已经勾选"标记"复选框，会显示所有的数据点，此时再标记特殊的数据点时，就没有效果了。必须先取消勾选"标记"复选框，然后在"显示"选项组中勾选特殊数据点的复选框即可。

8.2.5 美化迷你图

创建迷你图后，用户还可以对迷你图进行相应的美化操作，如应用迷你图样式、设计标记点颜色、设置线条颜色和宽度等。下面将对其具体操作过程进行介绍。

步骤1：打开迷你图样式库。打开"办公设备销售统计表"工作簿，选择要应用预设样式的迷你图，切换至"迷你图工具>设计"选项卡，单击"样式"选项组的"其他"下三角按钮，如图8-90所示。

步骤2：选择迷你图样式。打开迷你图样式库，选择喜欢的样式，此处选择"迷你图样式彩色3"，如图8-91所示。

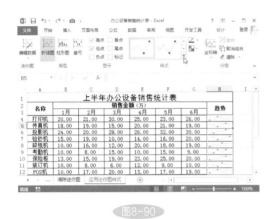

图8-90

图8-91

步骤3：查看应用样式后的效果。返回工作表中，查看应用迷你样图样式后的效果，如图8-92所示。

步骤4：设置迷你图折线的宽度。单击"样式"选项组中"迷你图颜色"下三角按钮，在列表中选择"粗细>1磅"选项，如图8-93所示。

图8-92

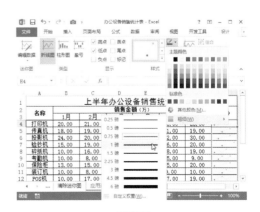

图8-93

步骤5：设置迷你图折线的颜色。单击"样式"选项组中"迷你图颜色"下三角按钮，在列表中选择迷你图的颜色，如图8-94所示。

步骤6：设置高点的颜色。单击"样式"选项组中"标记颜色"下三角按钮，在颜色块中选择浅蓝色，如图8-95所示。

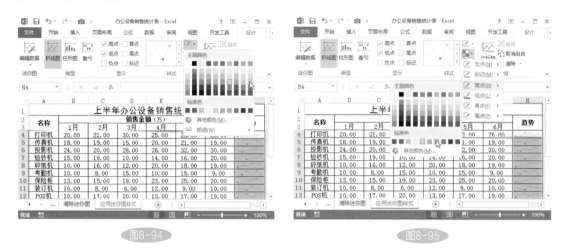

图8-94　　　　　　　　　　图8-95

步骤7：查看效果。按照上述方法，设置低点的颜色。根据实际需要设置迷你图中数据点的颜色，返回工作表中可看最终效果，如图8-96所示。

图8-96

8.2.6　清除迷你图

如果不再需要迷你图了，用户可以将其清除，下面介绍几种清除的方法。

方法1：　功能区删除法

步骤1：选择清除选项。打开"办公设备销售统计表"工作簿，选择需要清除的单元格，选择H4单元格，切换至"迷你图工具>设计"选项卡，单击"分组"选项组中的"清除"下三角按钮，在列表中选择"清除所选的迷你图"选项，如图8-97所示。

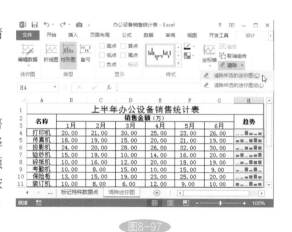

图8-97

步骤2：查看清除效果。返回工作表中，查看效果，如图8-98所示。

步骤3：查看清除整个迷你图效果。如果在"清除"列表中选择"清除所选的迷你图组"选项，则可以清除选中的迷你图组，如图8-99所示。

图8-98　　　　　　　　　　　　　　图8-99

方法2：　**快捷菜单清除法**

选中需要清除迷你图的单元格区域，单击鼠标右键，在快捷菜单中选择"迷你图/清除所选的迷你图组"命令即可，如图8-100所示。

方法3：　**删除单元格**

选中需要清除迷你图的单元格区域，单击鼠标右键，在快捷菜单中选择"删除"命令即可，如图8-101所示。使用Delete键是不能删除迷你图的。

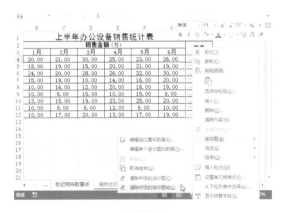

图8-100

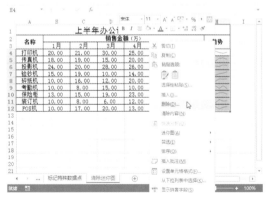

图8-101

第 9 章

创建完美的幻灯片

 本章概述

　　随着无纸化办公的推行，Office的应用越来越广泛。其中幻灯片的应用也越来越频繁，其不仅可以用于教学、职工的培训方面，还可用于产品宣传、演讲方面。PowerPoint 2013（PPT 2013）是集文字、图形、音频及动画等多媒体元素于一体的演示文稿软件。

　　本章主要介绍幻灯片的基本操作，包括幻灯片的创建、幻灯片母版的设计、标题和内容幻灯片的设计、幻灯片的美化操作。

知识点一览

新建演示文稿

幻灯片的版式

插入图表和表格

插入形状和文本框

插入SmartArt图形

艺术字的应用

幻灯片母版的设计

9.1　制作年度工作报告方案

　　一年一度的年终报告让很多员工愁眉哭脸，要费时很久才勉强做出一份工作报告。通过本章的学习可以制作出具有竞争力的工作报告，让老板眼前一亮。

9.1.1　演示文稿的创建

　　在对演示文稿进行操作时，首先需要创建一个演示文稿，在PowerPoint 2013内创建一个新的演示文稿很简单，系统提供了多种创建新文稿的方法。

方法1：　新建PPT文稿

步骤1： 创建文稿。打开需要存储文稿的文件夹，在空白地方单击鼠标右键，在快捷菜单中选择"新建>Microsoft PowerPoint演示文稿"命令，如图9-1所示。

步骤2： 修改文稿名称。文稿创建后，选中该文稿，按F2键进入编辑状态，输入文稿的名称，如图9-2所示。

图9-1

图9-2

步骤3： 打开创建的演示文稿。双击创建好的文稿，即可打开PPT，可对文稿进行编辑，如图9-3所示。

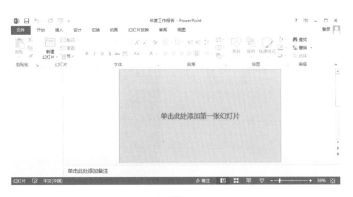

图9-3

方法2： 在编辑文稿时创建

步骤1： 创建空白文稿。打开PPT演示文稿，单击"文件"标签，选择"新建"选项，单击"空白演示文稿"按钮，如图9-4所示。

步骤2： 查看创建空白文稿的效果。打开文稿名为"演示文稿1"空白文稿，然后添加内容即可，如图9-5所示。

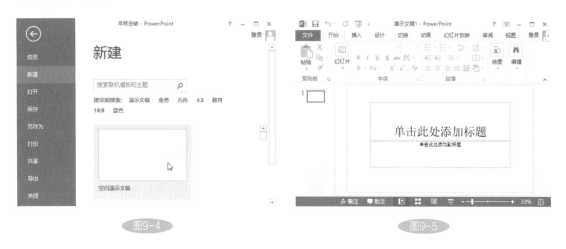

图9-4

图9-5

方法3： 基于模板创建文稿

步骤1： 打开新建选项。打开演示文稿，单击"文件"标签，选择"新建"选项，在右侧选择合适的模版，如图9-6所示。

步骤2： 执行创建操作。选择模板后，单击其右侧的"创建"图标按钮，如图9-7所示。

步骤3： 查看创建文稿的效果。查看创建模板的文稿效果，如图9-8所示。

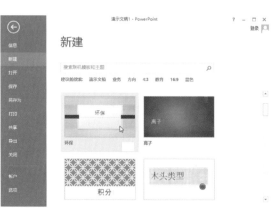

图9-6

图9-7

图9-8

9.1.2 首页幻灯片的制作

幻灯片的首页制作很重要，这是给浏览者的第一印象。首页制作的原则就是简洁明了，突出主题，配合图片让幻灯片具有活力。

（1）插入幻灯片

PowerPoint 2013新建的演示文稿只包含一张幻灯片，用户可以根据需要插入幻灯片，下面介绍2种插入幻灯片的方法。

方法1： **功能区插入幻灯片**

步骤1： 打开幻灯片主题。打开"年度工作报告"文稿，切换至"插入"选项卡，单击"幻灯片"选项组中的"新建幻灯片"下三角按钮，如图9-9所示。

步骤2： 选择插入的幻灯片。在列表中选择"标题幻灯片"选项，如图9-10所示。

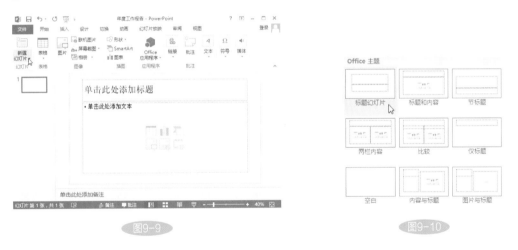

图9-9　　　　　　　　　　　　　图9-10

步骤3： 查看插入标题幻灯片的效果。返回文稿中，可见在大纲窗格中插入标题幻灯片，如图9-11所示。

图9-11

图9-12

方法2： **快捷菜单插入法**

步骤1： 右击幻灯片。打开演示文稿，选中大纲窗格中的幻灯片缩略图，单击鼠标右键，在快捷菜单中选择"新建幻灯片"命令，如图9-12所示。

步骤2： 设置幻灯片的版式。选中插入的幻灯片，单击鼠标右键，在快捷菜单中选择"版式"命令，在列表中选择合适的版式即可，如图9-13所示。

步骤3： 查看设置标题版式的效果。返回工作表中，查看插入幻灯片并设置版式后的效果，如图9-14所示。

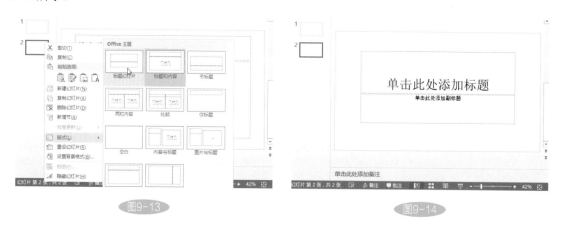

图9-13　　　　　　　　　　　图9-14

（2）编辑幻灯片

创建幻灯片后，可以对幻灯片进一步编辑，如更改幻灯片的主题、在幻灯片中编辑文本、插入图片等，具体操作步骤如下。

步骤1： 移动幻灯片。打开"年度工作报告"文稿，选中插入的标题幻灯片，按住鼠标左键拖动至顶部，释放鼠标即可，如图9-15所示。

步骤2： 设置幻灯片主题。切换至"设计"选项卡，单击"主题"选项组中"其他"按钮，如图9-16所示。

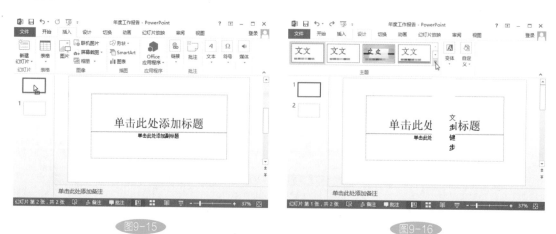

图9-15　　　　　　　　　　　图9-16

步骤3：选择幻灯片的主题。打开幻灯片的主题库，选中适合自己的主题，此处选择"平面"主题样式，如图9-17所示。

步骤4：查看应用主题后的效果。此时演示文稿中所有的幻灯片都应用了"平面"主题，查看最终效果，如图9-18所示。

步骤5：设置幻灯片的背景图片。选中标题幻灯片，切换至"设计"选项卡，单击"自定义"选项组中"设置背景格式"，如图9-19所示。

图9-17

图9-18

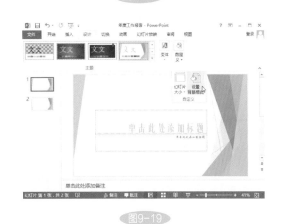

图9-19

步骤6：设置填充图片。打开"设置背景格式"窗格，在"填充"选项卡中，选中"填充"区域的"图片或纹理填充"单选按钮，单击"文件"按钮，如图9-20所示。

步骤7：选择填充的图片。打开"插入图片"对话框，选择合适的背景图片，单击"插入"按钮，如图9-21所示。

图9-20

图9-21

步骤8：查看添加填充背景图片的效果。返回文稿中，可见选中的幻灯片已经填充了背景图片，如图9-22所示。

图9-22

步骤9：在幻灯片中输入文本。在标题幻灯片的占位符内输入相关的文本，如图9-23所示。

步骤10：设置标题的字体格式。选中"年度工作总结"文本，在"开始"选项卡的"字体"选项组中设置字体、字号和颜色，如图9-24所示。

图9-23

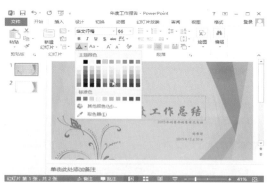

图9-24

步骤11：设置其他文本的格式。根据以上方法，设置其他文本的字体、字号和颜色，如图9-25所示。

步骤12：设置标题的字体艺术效果。选中"年度工作总结"文本，切换至"绘图工具>格式"选项卡，单击"艺术字样式"选项组中"文字效果"下三角按钮，在列表中选择"映像>半映像"效果，如图9-26所示。

图9-25

图9-26

步骤13：首页幻灯片制作完成。适当移动文本的位置，使其更美观，查看最终效果，如图9-27所示。

图9-27

9.1.3 正文幻灯片的制作

首页幻灯片制作完成后，开始制作正文幻灯片，这是制作幻灯片的重点。

（1）在幻灯片中插入图片

在制作幻灯片时图文混排可以更具说服力，而且使幻灯片更美观。下面介绍在幻灯片中如何插入图片，具体操作步骤如下。

步骤1：新建一张空白幻灯片。打开"年度工作报告"文稿，切换至"插入"选项卡，单击"幻灯片"选项组中"新建幻灯片"下三角按钮，在列表选择"空白"幻灯片，如图9-28所示。

步骤2：插入企业商标图片。创建空白幻灯片，切换至"插入"选项卡，单击"图像"选项组中"图片"按钮，如图9-29所示。

图9-28   图9-29

步骤3：选择商标图片。打开"插入图片"对话框，选中商标图片，单击"插入"按钮，如图9-30所示。

步骤4：移动商标图片。返回文稿中，选中插入的商标，选中控制点调整图片的大小，将光标移至图片上，变为四个箭头时，拖至合适的位置，释放鼠标即可，如图9-31所示。

图9-30

图9-31

（2）在幻灯片中插入形状

在"插入"选项卡中系统提供了各种各样的形状，用户可根据需要在幻灯片中插入形状，并且可以在形状中输入文本内容，具体操作步骤如下。

步骤1： 插入椭圆形状。选中第二张幻灯片，切换至"插入"选项卡，单击"插图"选项组中"形状"下三角按钮，在下拉列表中选择椭圆形状，如图9-32所示。

步骤2： 使用鼠标画椭圆的形状。返回文稿中，光标变为黑色十字时，按住鼠标左键并拖动画一个大点的椭圆，如图9-33所示。

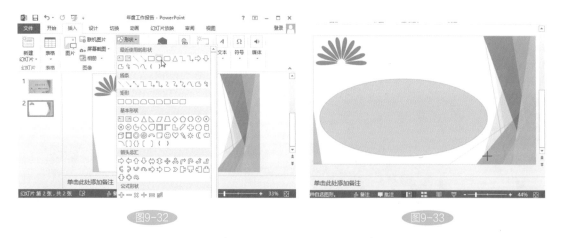

图9-32

图9-33

步骤3： 选择输入文字的类型。选中插入的椭圆形状，切换至"绘图工具>格式"选项卡，单击"插入形状"选项组中"绘制横排文本框"下三角按钮，选择"横排文本框"选项，如图9-34所示。

步骤4： 输入文字。当光标变为向下箭头时，单击鼠标左键，输入"愿景"文字，选中文字设置其字体、字号和颜色，将文字右对齐，如图9-35所示。

步骤5： 设置形状的填充效果。选中形状，切换至"绘图工具>格式"选项卡，单击"形状样式"选项组中"其他"按钮，在列表中选择填充的样式，如图9-36所示。

步骤6： 查看效果。返回工作表中，查看插入形状并输入文字的效果，如图9-37所示。

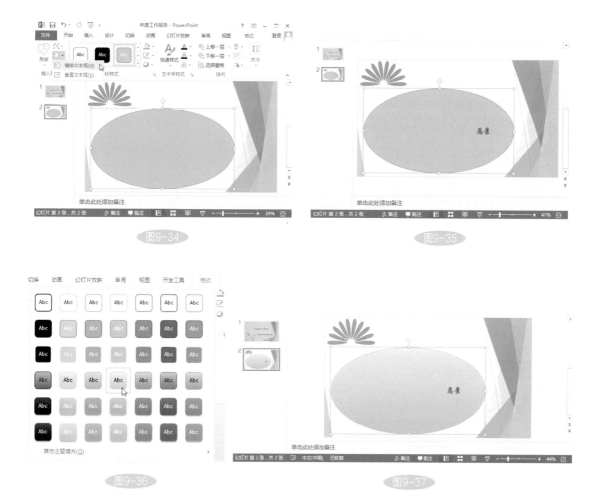

图9-34

图9-35

图9-36

图9-37

步骤7 ：完整插入的形状。根据上述方法，插入两个椭圆，并输入文字，设置填充颜色，适当调整椭圆形状的位置和大小，如图9-38所示。

步骤8 ：输入横排文字。选中形状，切换至"绘图工具>格式"选项卡，单击"插入形状"选项组中"绘制横排文本框"下三角按钮，在列表中选择"横排文本框"选项，在幻灯片顶部画文本框，如图9-39所示。

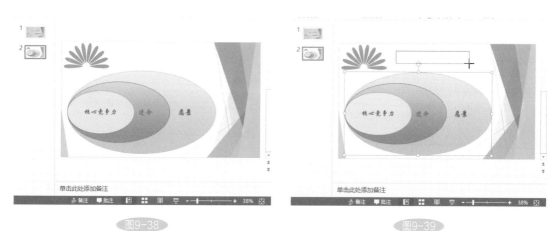

图9-38

图9-39

步骤9： 输入文字。在文本框内输入文字并设置文字的格式，查看效果，如图9-40所示。

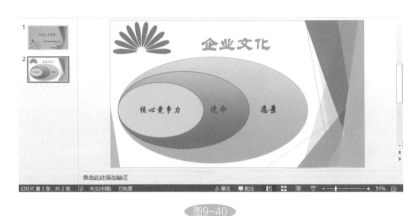

图9-40

（3）插入SmartArt图形

当用户需要表示流程、层次结构或关系时，可以使用SmarArt图形，即方便又简洁，下面介绍2种插入SmarArt图形的方法。

方法1： **功能区插入法**

步骤1： 新建幻灯片并设置版式。打开"年度工作报告"文稿，在大纲窗格中单击鼠标右键，在快捷菜单中选择"新建幻灯片"命令，选中创建的幻灯片，单击鼠标右键，在快捷菜单中选择"版式"命令，在列表中选择"标题和内容"形式，查看插入幻灯片的效果，如图9-41所示。

图9-41

步骤2： 设置标题文字。在标题占位符中输入"销售部组织结构图"文本，选中文本设置字体、字号、颜色以及艺术效果，如图9-42所示。

步骤3： 在功能区插入SmartArt图形。选中内容占位符，切换至"插入"选项卡，单击"插图"选项组中SmartArt按钮，如图9-43所示。

图9-42

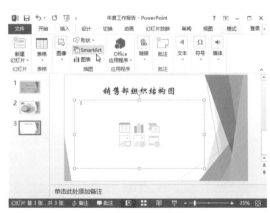

图9-43

步骤4： 选择层次结构图形。打开"选择SmartArt图形"对话框，选择"层次结构"选项，在右侧选择合适的SmartArt图形，单击"确定"按钮，如图9-44所示。

步骤5： 在SmartArt图形中输入文字。在内容占位符中插入选中的图形，单击"文本"即可输入文字，查看插入SmartArt图形后的效果，如图9-45所示。

图9-44

图9-45

方法2： **在占位符中插入**

创建新幻灯片，在内容占位符中单击"插入SmartArt图形"按钮，如图9-46所示。打开"选择SmartArt图形"对话框，选择合适的SmartArt图形，单击"确定"按钮即可，如图9-47所示。

图9-46

图9-47

（4）在幻灯片中插入表格和图表

当展示数据的时候，可以通过表格和图表形象表现数据，在幻灯片中插入需要的表格和图表的具体操作步骤如下。

步骤1： 插入表格。新建幻灯片并选中需要插入表格的位置，切换至"插入"选项卡，单击"表格"选项组中"表格"下三角按钮，在列表中选择行列的数量，如图9-48所示。

步骤2： 输入数据。在插入的表格内输入相关的数据，如图9-49所示。

步骤3： 设置表格样式。选中表格任意单元格，切换至"表格工具>设计"选项卡，单击"表格样式"选项组中"其他"按钮，如图9-50所示。

步骤4： 选择表格的样式。打开表格样式库，选择合适的样式，此处选择"中度样式1"，如图9-51所示。

图9-48

图9-49

图9-50

图9-51

步骤5：设置表格的边框。选中表格，在"表格样式"选项组中，在下拉列表中选择"所有边框"选项，如图9-52所示。

步骤6：设置表格的效果。选中表格，单击"表格样式"选项组中"效果"下三角按钮，在列表中选择"单元格凹凸效果>凸起"效果，如图9-53所示。

步骤7：查看插入表格的效果。输入标题，并设置标题格式，查看效果，如图9-54所示。

步骤8：插入图表。新建幻灯片并选中需要插入表格的位置，在占位符中单击"插入图表"按钮，如图9-55所示。

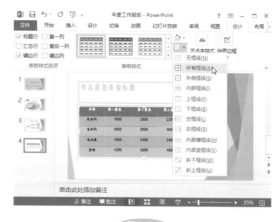

图9-52

步骤9：选择插入图表的类型。打开"插入图表"对话框，选择需要的图表，此处选择"簇状柱形图"类型，单击"确定"按钮，如图9-56所示。

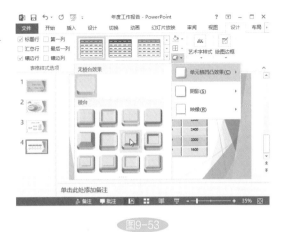

图9-53

图9-54

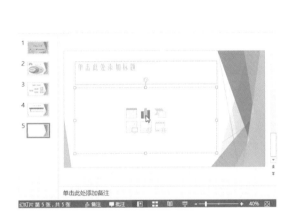

图9-55

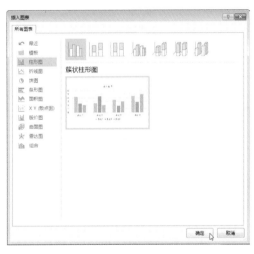

图9-56

步骤10：输入数据。打开类似Excel表格，输入相关的数据，数据会在图表中显示出来，关闭表格，输入图表的标题，查看插入的图表，如图9-57所示。

步骤11：查看插入图表的效果。在标题点位符中输入标题，查看插入簇状柱形图的效果，如图9-58所示。

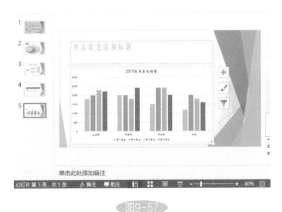

图9-57

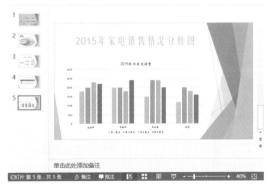

图9-58

9.1.4　结尾幻灯片的制作

结尾幻灯片应简洁明了。下面介绍制作结尾幻灯片的方法，具体操作步骤如下。

步骤1：创建空白幻灯片。创建新幻灯片，选中并单击鼠标右键，在快捷菜单中选择"版式>空白"选项，如图9-59所示。

步骤2：插入图片。切换至"插入"选项卡，单击"图像"选项组中"图片"按钮，如图9-60所示。

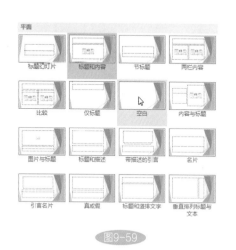

图9-59

图9-60

步骤3：选择图片。弹出"插入图片"对话框，选择图片，然后单击"插入"按钮，在幻灯片中插入图片，并将图片调整至整个幻灯片，如图9-61所示。

步骤4：插入横卷形状。单击"插图"选项组中"形状"下三角按钮，在列表中选择"横卷形"形状，在幻灯片中画该形状，并调整大小，如图9-62所示。

步骤5：输入文字。然后添加横排文本框，并输入相关文字，设置文字的格式，如图9-63所示。

图9-61

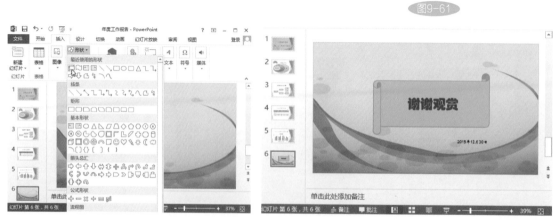

图9-62　　　　　　　　　　　　图9-63

9.2 制作新产品上市宣传方案

新产品能够顺利地推向市场，需要多方面的宣传，其中新产品发布会是必不可少的，这也是现场促销的有力手段。本节通过制作新产品上市宣传PPT，从而进一步学习PPT的相关知识。

9.2.1 幻灯片母版的设计

在制作幻灯片时，用户可以为每张幻灯片设置相同的背景，使新产品宣传显得更专业，用户可以通过设计母版幻灯片来实现。

（1）设计母版幻灯片的背景

幻灯片的母版主要是用来实现演示文稿整体效果的统一，下面介绍母版幻灯片顶部添加背景图片，具体操作步骤如下。

步骤1： 新建空白幻灯片。创建空白的演示文稿并保存，然后重命名为"新产品上市宣传方案"，如图9-64所示。

步骤2： 进入母版模式。切换至"视图"选项卡，单击"母版视图"选项组中"幻灯片母版"按钮，如图9-65所示。

图9-64　　　　　　　　　　　　　　图9-65

步骤3： 查看母版幻灯片效果。在大纲窗格中新增了各种版式的幻灯片，选择"Office主题 幻灯片母版：由幻灯片1使用"版式，如图9-66所示。

步骤4： 插入横排文本框。切换至"插入"选项卡，单击"文本"选项组中"文本框"下三角按钮，在列表中选择"横排文本框"选项，如图9-67所示。

步骤5： 绘制横排文本框。在幻灯片中，按住鼠标左键，在顶部合适的位置绘制一个横排文本框，如图9-68所示。

步骤6： 打开"设置形状格式"窗格。切换至"绘图工具>格式"选项卡，单击"形状样式"选项组中对话框启动器按钮，如图9-69所示。

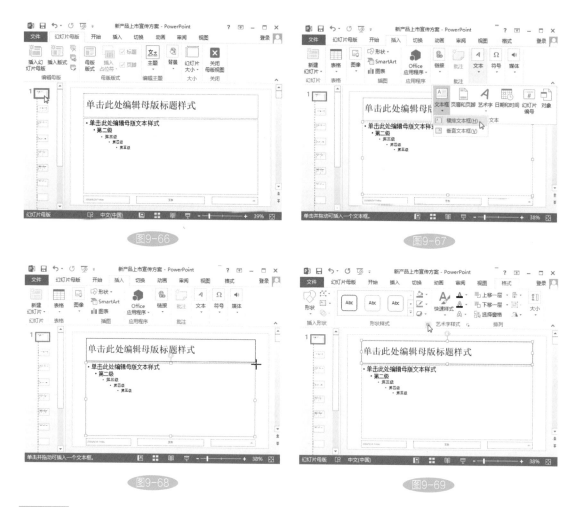

步骤7：打开"插入图片"对话框。打开"设置图片格式"窗格，在"填充线条"选项卡中"填充"区域，选中"图片或纹理填充"单选按钮，单击"文件"按钮，如图9-70所示。

步骤8：选择背景图片。打开"插入图片"对话框，选择合适的背景图片，单击"插入"按钮，如图9-71所示。

图9-70

图9-71

步骤9：设置背景图片的位置。选中文本框，单击鼠标右键，在快捷菜单中选择"置于底层>置于底层"命令，如图9-72所示。

步骤10：退出母版模式。切换至"幻灯片母版"选项卡，单击"关闭"选项组中"关闭幻灯片母版"按钮，可见所有幻灯片都添加了背景图片，如图9-73所示。

图9-72　　　　　　　　　　　　　图9-73

（2）设计幻灯片的版式

步骤1：进入母版模式。切换至"视图"选项卡，单击"母版视图"选项组中"幻灯片母版"按钮，选择"标题幻灯片 版式：由幻灯片1使用"版式，如图9-74所示。

步骤2：设置标题文字格式。选中标题占位符，切换至"开始"选项卡，在"字体"选项组中设置文字的字体、字号和颜色，如图9-75所示。

图9-74　　　　　　　　　　　　　图9-75

步骤3：设置内容文字的格式。选中内容占位符，切换至"开始"选项卡，在"字体"选项组中设置文字的字体、字号和颜色，如图9-76所示。

步骤4：退出母版模式。切换至"幻灯片母版"选项卡，单击"关闭"选项组中"关闭幻灯片母版"按钮，如图9-77所示。

步骤5：查看设置幻灯片版式的效果。返回文稿，选中第一张幻灯片可见已经应用刚才设计的版式了，如图9-78所示。

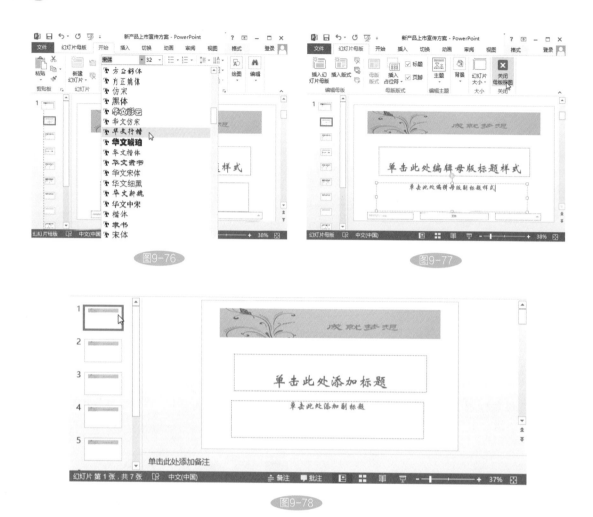

图9-76   图9-77

图9-78

步骤6：插入页眉页脚。进入母版模式，切换至"插入"选项卡，单击"文本"选项组中"页眉和页脚"按钮，如图9-79所示。

步骤7：设置页眉页脚。打开"页眉和页脚"对话框，设置页脚，并在"页脚"的文本框中输入公司名称，单击"全部应用"按钮即可，如图9-80所示。

图9-79

图9-80

步骤8：查看最终版式的效果。在右上角插入企业的LOGO，然后退出幻灯片母版，查看最终效果，如图9-81所示。

图9-81

9.2.2 标题幻灯片的设计

标题幻灯片是演示文稿的首页，是给浏览者第一印象好坏的关键，所以标题幻灯片的制作是非常有必要的。

步骤1：设置幻灯片的主题。打开"新产品上市宣传方案"文稿，选中第一张幻灯片，切换至"设计"选项卡，单击"主题"选项组的其他按钮，在列表中选择"丝状"主题，如图9-82所示。

步骤2：设置标题文字的格式。在标题占位符中输入标题，然后设置文字的字体、字号和颜色，如图9-83所示。

图9-82

步骤3：设置文字的艺术效果。选中文字，切换至"绘图工具>格式"选项卡，单击"艺术字"选项组的"文字效果"下三角按钮，选择"棱台>角度"效果，如图9-84所示。

图9-83

图9-84

步骤4：插入形状。选中内容占位符并按Delete键将其删除，在右下角插入椭圆形状，单击鼠标右键，在快捷菜单中选择"设置形状格式"命令，如图9-85所示。

步骤5：打开"插入图片"对话框。打开"设置图片格式"窗格，在"填充"区域选择"图片或纹理填充"单选按钮，单击"文件"按钮，如图9-86所示。

图9-85

图9-86

步骤6：填充图片。打开"插入图片"对话框，选择合适的图片，单击"插入"按钮，如图9-87所示。

步骤7：查看效果。适当调整图片大小和位置，查看标题幻灯片的制作，如图9-88所示。

图9-87

图9-88

9.2.3　内容幻灯片的设计

一份演示文稿通常包含多张幻灯片，内容幻灯片主要介绍新产品的功能和特征，根据介绍产品的不同每张幻灯片的设计也不相同。

（1）目录幻灯片的制作

目录幻灯片主要展示演示文稿内容的主要内容，它是制作演示文稿的重要组成部分。制作目录幻灯片的具体步骤如下。

步骤1：设置幻灯片的版式。打开"新产品上市宣传方案"文档，选中第二张幻灯片，单击鼠标右键，在快捷菜单中选择"版式>空白"选项，如图9-89所示。

步骤2： 插入线条形状。切换至"插入"选项卡，单击"插图"选项组的"形状"下三角按钮，选择"曲线连接符"形状，如图9-90所示。

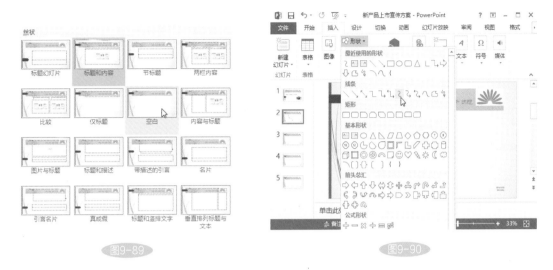

图9-89   图9-90

步骤3： 设置线条格式。在幻灯片中绘制线条，然后调整线条的大小和位置，切换至"绘图工具>格式"选项卡，单击"形状样式"选项组中"形状轮廓"下三角按钮，在列表中设置线条的大小或颜色，如图9-91所示。

步骤4： 设置线条效果。选中线条，单击"形状样式"选项组的"形状效果"下三角按钮，选择"阴影>左下斜偏移"效果，如图9-92所示。

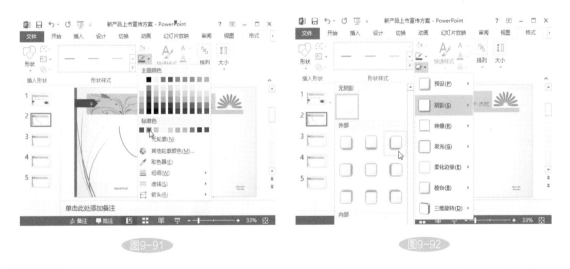

图9-91   图9-92

步骤5： 插入图片。切换至"插入"选项卡，单击"图像"选项组的"图片"按钮，如图9-93所示。

步骤6： 选择图片。打开"插入图片"对话框，选择合适的图片，单击"插入"按钮，如图9-94所示。

步骤7： 设置图片的位置。调整图片的大小和位置，并单击鼠标右键，在快捷菜单中选择"置于底层>置于底层"命令，如图9-95所示。

步骤8： 继续添加图片。根据上述方法继续添加图片，并设置大小和位置，如图9-96所示。

图9-93

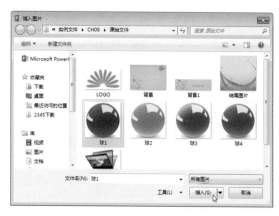

图9-94

图9-95

图9-96

步骤9： 插入形状。切换至"插入"选项卡，单击"插图"选项组的"形状"下三角按钮，在列表中选择"圆角矩形标注"形状，如图9-97所示。

步骤10： 设置形状的填充。调整形状的大小和位置，选中形状，单击"形状样式"选项组中"形状填充"下三角按钮，选择填充的颜色，如图9-98所示。

图9-97

图9-98

步骤11：输入文字。在形状内插入横排文本框，并输入文字，然后设置文字的字体、字号和颜色，如图9-99所示。

步骤12：目录幻灯片制作完成。将其复制3个，更改其中的文字，查看目录幻灯片的最终效果，如图9-100所示。

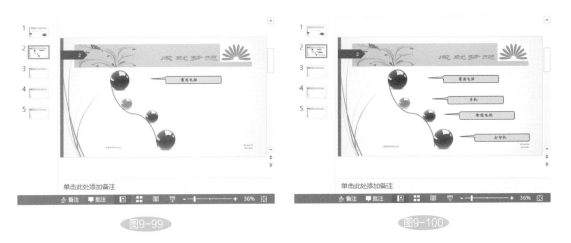

图9-99　　　　　　　　　　　　图9-100

（2）正文幻灯片的制作

在制作正文幻灯片时，需要文字、图表、图片等元素相互使用，才能让浏览者眼前一亮的感觉，具体操作步骤如下。

步骤1：输入标题。打开"新产品上市宣传方案"文稿，在标题占位符中输入标题并设置格式，然后插入相关图片，如图9-101所示。

步骤2：插入项目符号。将光标定位在左侧占位符中，切换至"开始"选项卡，单击"段落"选项组中"项目符号"下三角按钮，选择合适的项目符号，如图9-102所示。

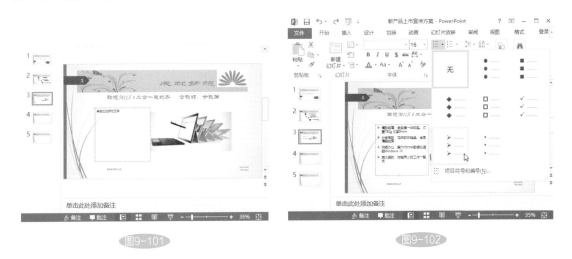

图9-101　　　　　　　　　　　　图9-102

步骤3：插入相关产品价格图片。设置文字格式，然后插入相关图片，并适当调整图片的大小和位置，如图9-103所示。

步骤4：设置版式。选中下一张幻灯片，单击鼠标右键，在快捷菜单中选择"版式>两栏内容"命令，如图9-104所示。

图9-103

图9-104

步骤5：输入标题。在标题占位符中输入标题并设置格式，然后单击左侧占位符中"图片"按钮，如图9-105所示。

步骤6：插入图片。打开"插入图片"对话框，选择需要的图片，单击"插入"按钮，如图9-106所示。

图9-105

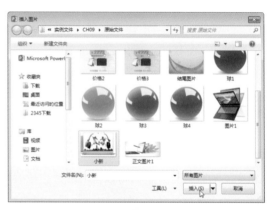

图9-106

步骤7：插入垂直文本框。切换至"插入"选项卡，单击"文本"选项组中"文本框"下三角按钮，选择"垂直文本框"选项，如图9-107所示。

步骤8：绘制文本框。将光标定位在右侧时，按住鼠标左键拖动，然后释放左键即可绘制垂直文本框，如图9-108所示。

图9-107

图9-108

步骤9：输入文字。在文本框中输入产品的信息，然后设置文字的格式，并添加项目符号，如图9-109所示，根据相同的方法制作其他产品的幻灯片。

图9-109

步骤10：插入图表。定位在占位符中，切换至"插入"选项卡，单击"插图"选项组中"图表"按钮，如图9-110所示。

步骤11：选择图表类型。打开"插入图表"对话框，选择"饼图"，选择"三维饼图"类型，单击"确定"按钮，如图9-111所示。

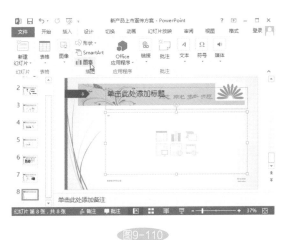

图9-110

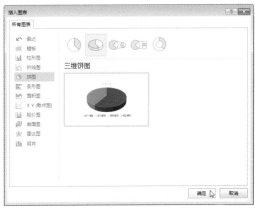

图9-111

步骤12：输入数据。打开Excel表格，将各产品预测的销售额输入表格内，单位为万，如图9-112所示。

步骤13：完成图表制作。关闭Excel表格，返回文稿，输入图表标题然后设置标题的格式，查看最终效果，如图9-113所示。

图9-112

图9-113

步骤 14：更改数据点颜色。选中饼图，切换至"图表工具-设计"选项卡，单击"图表样式"选项组中"更改颜色"下拉按钮，在列表中选择"颜色4"，如图9-114所示。

步骤 15：应用图表样式。单击"图表样式"选项组中"其他"按钮，在样式库中选择合适的样式，此处选择"样式3"，如图9-115所示。

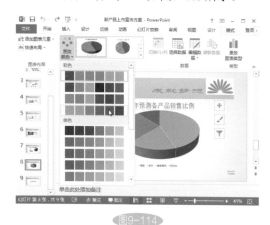

图9-114

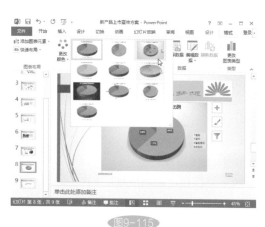

图9-115

步骤 16：启用图片功能。选中饼图，切换至"图表工具-格式"选项卡，单击"形状样式"选项组中"形状填充"下拉按钮，在列表中选择"图片"选项，如图9-116所示。

步骤 17：选择插入的图片。打开"插入图片"面板，单击"浏览"按钮，打开"插入图片"对话框，选择合适的图片，单击"插入"按钮，如图9-117所示。

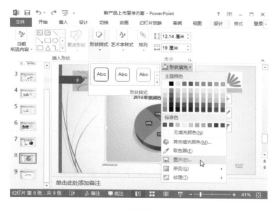

图9-116

图9-117

步骤18： 设置图表的边框。选中饼图，切换至"图表工具-格式"选项卡，单击"形状样式"选项组中"形状轮廓"下拉按钮，设置边框的样条和粗细，如图9-118所示。

步骤19： 应用形状效果。单击"图表样式"选项组中"形状效果"下拉按钮，设置图表的效果，如图9-119所示。

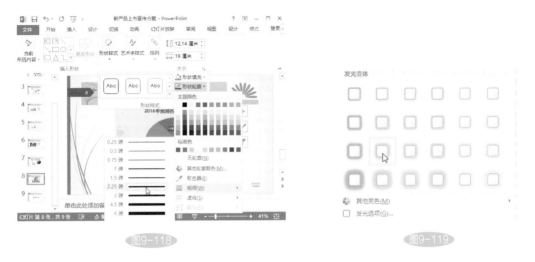

图9-118   图9-119

步骤20： 查看最终效果。设置完成后，返回文稿中，查看插入图表和美化图表的效果，如图9-120所示。

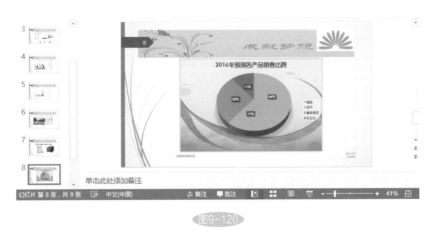

图9-120

（3）结尾幻灯片的制作

结尾幻灯片的内容比较少，主要是感谢浏览者观看幻灯片内容，具体操作步骤如下。

步骤1： 创建空白幻灯片。创建空白幻灯片，单击"文本"选项组中"文本框"下三角按钮，在列表中选择"横排文本框"选项，绘制文本框，如图9-121所示。

步骤2： 设置文字格式。输入公司名称，在"开始"选项卡的"字体"选项组中设置公司名称的字体、字号和颜色，如图9-122所示。

步骤3： 输入文字。然后根据以上方法在幻灯片中间绘制横排文本框，然后输入"谢谢您的观赏"文本，设置字体、字号和颜色，如图9-123所示。

步骤4： 设置文字的艺术字样式。选中文本，切换至"绘图工具>格式"选项卡，单击"艺术字样式"选项组中"其他"按钮，在列表中选择艺术字样式，如图9-124所示。

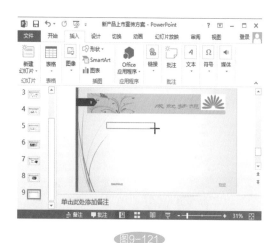

图9-121

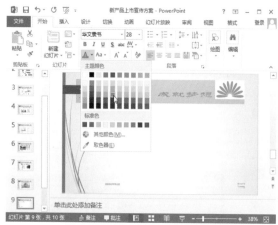

图9-122

图9-123

图9-124

步骤5： 设置文本轮廓的颜色。保持文字被选中状态，单击"艺术字样式"选项组中"文本轮廓"下三角按钮，在列表中选择颜色，如图9-125所示。

步骤6： 设置文字效果。单击"艺术字样式"选项组中"文本效果"下三角按钮，选择"映像>全映像"效果，如图9-126所示。

步骤7： 设置转换效果。单击"艺术字样式"选项组中"文本效果"下三角按钮，在"转换"列表中选择合适的效果，如图9-127所示。

步骤8： 查看最终效果。设置完成后，返回文稿中，查看最终效果。如图9-128所示。

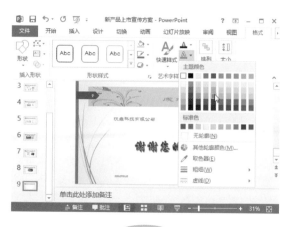

图9-125

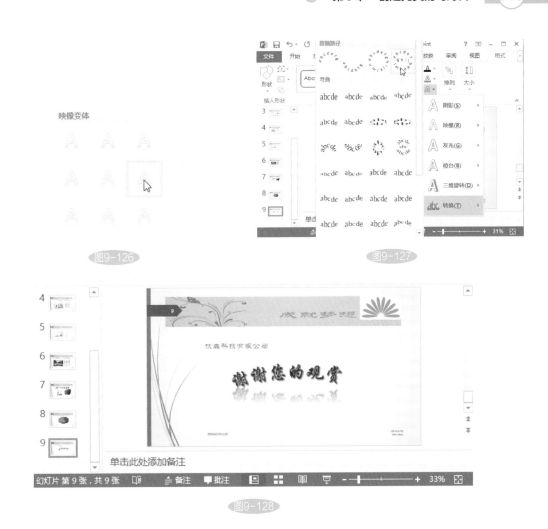

映像变体

图9-126

图9-127

图9-128

（4）为幻灯片添加动画

现在幻灯片基本上制作完成，但是幻灯片内所有的内容都是静态的，可以为其添加动画效果，具体操作步骤如下。

步骤1：创建首页幻灯片的切换方式。选中首页幻灯片，切换至"切换"选项卡，单击"切换到此幻灯片"选项组中"其他"按钮，在列表中选择合适的切换方式，此处选择"帘式"，如图9-129所示。

步骤2：设置图片的动画效果。选中首页右下角图片，切换至"动画"选项卡，单击"动画"选项组中"其他"按钮，选择"缩放"效果，如图9-130所示。

步骤3：设置动画效果选项。保持图片被选中状态，单击"效果选项"下拉按钮，在列表中选择"幻灯片中心"选项，如图9-131所示。

图9-129

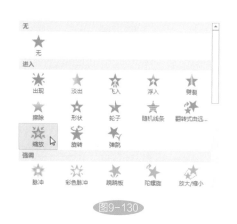

图9-130

图9-131

步骤4：设置文本框动画效果。切换至第二页，选中标题文本框，单击"动画"选项组中"其他"按钮，在列表中选择"更多进入效果"选项，如图9-132所示。

步骤5：设置文本框的进入效果。打开"更改进入效果"对话框，选择"飞旋"效果，然后单击"确定"按钮，如图9-133所示。

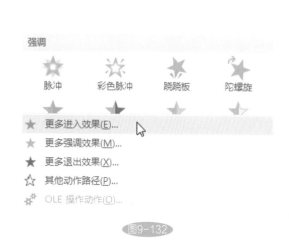

图9-132

图9-133

步骤6：查看添加的动画效果。根据以上方法添加动画效果，单击"高级动画"选项组中"动画窗格"按钮，在"动画窗格"窗格中查看幻灯片应用的动画效果，如图9-134所示。

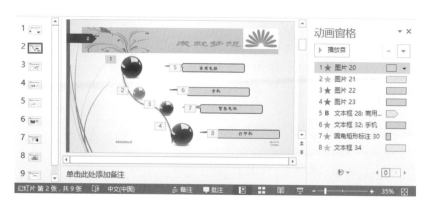

图9-134

第 10 章

让幻灯片页面炫起来

本章概述

　　PowerPoint软件的魅力在于直观明了地展示演示者的观点、结论等，如何让讲演更生动形象是每位演示者都面临的问题。PowerPoint软件提供了丰富的页面效果，让普通的文稿变得更具感染力，从而帮助演示者更精彩地展示观点，增强讲演的表现力。

　　本章主要介绍在幻灯片中添加链接、声音、视频等多媒体文件，并设置幻灯片中的动画效果，让普通的幻灯片变得丰富多彩。

知识点一览

在幻灯片中添加文本框和图片
为幻灯片添加背景图片
在幻灯片中添加音视频文件
在幻灯片中添加超链接
为幻灯片添加动画效果
设置幻灯片的切换效果

10.1 制作企业文化宣传演示文稿

企业文化是企业在生产经营过程中所形成的经营理念、价值观念和企业形象，是企业的灵魂，也是推动企业发展的动力。优秀的企业文化能够影响员工的精神世界，激发员工的工作热情。本节通过企业文化宣传演示文稿的创建过程，介绍在幻灯片中添加文本框、超链接、音频文件和视频文件的操作方法。

10.1.1 在幻灯片中添加文本框

按照上一章介绍的方法创建幻灯片母板后，接下来我们将使用文本框在企业文化宣传演示文稿中输入相应的文本，具体操作步骤如下。

步骤1： 插入横排文本框。打开设置幻灯片母板格式演示文稿素材，在首页幻灯片中切换至"插入"选项卡，单击"文本"选项组中的"文本框"下三角按钮，选择"横排文本框"选项，如图10-1所示。

步骤2： 在文本框中输入内容。然后在首页幻灯片的合适位置绘制文本框，并输入幻灯片标题文本，如图10-2所示。

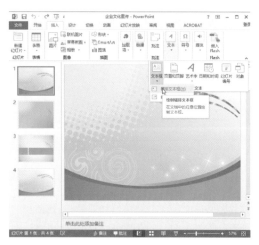
图10-1

步骤3： 设置幻灯片标题格式。在"绘图工具-格式"选项卡下的"艺术字样式"选项组中，对文本效果进行设置。然后切换至"开始"选项卡，在字体选项组中对文本的字体字号进行设置，效果如图10-3所示。

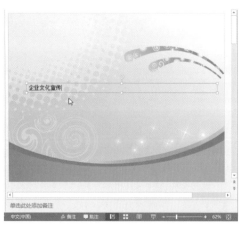
图10-2

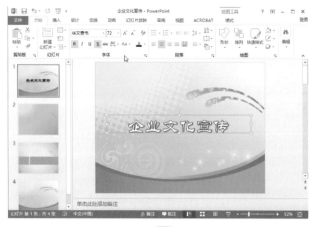
图10-3

知识点拨： 如何设置超大字号

在PowerPoint 2013中，一般直接在"字号"下拉列表中选择文本的字号大小，但最大只能设置72号，若想设置更大的字号，可以直接在"字号"文本框中输入所需的字号大小数值即可。

步骤4：创建其他文本框。同样的方法，创建其他横排文本框并输入相应的文本，效果如图10-4所示。

步骤5：设计第二张幻灯片。切换至第2张幻灯片，切换至"插入"选项卡，单击"文本"选项组中的"文本框"下三角按钮，选择"竖排文本框"选项，如图10-5所示。

图10-4

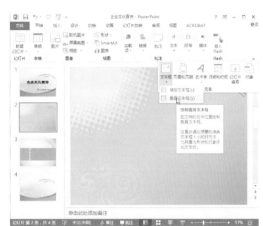

图10-5

步骤6：绘制竖排文本框。在幻灯片页面适当的位置，单击并按住鼠标左键不放，拖动鼠标绘制竖排文本框，如图10-6所示。

步骤7：输入文本内容并设置格式。在绘制的竖排文本框中输入所需文本，然后根据步骤3的方法设置文本格式，效果如图10-7所示。

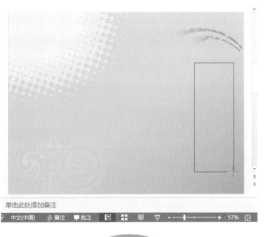

图10-6

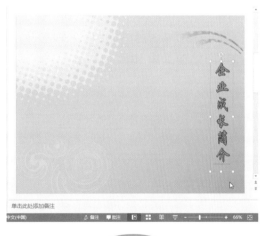

图10-7

知识点拨： 美化文本框

在"绘图工具-格式"选项卡下的"形状样式"选项组中，对文本框进行美化操作，如图10-8所示。

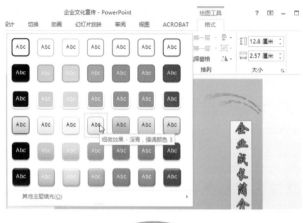

图10-8

10.1.2 视频文件的调用

为了更好地说明幻灯片内容或让演示文稿更具感染力,可以在幻灯片中添加视频文件。添加视频后,还可以根据需要,对其进行编辑操作,下面具体介绍在幻灯片中插入视频文件的操作方法。

（1）在幻灯片中插入视频文件

在PowerPoint 2013中,可以直接插入计算机中的视频文件,也可以插入网络中的视频文件,下面介绍在幻灯片中插入计算机中视频文件的操作方法,具体方法如下。

步骤1: 打开"插入视频文件"对话框。切换至第2张幻灯片,在"插入"选项卡下的"媒体"选项组中,单击"视频"下三角按钮,选择"PC上的视频"选项,如图10-9所示。

步骤2: 选择要插入的视频文件。在打开的"插入视频文件"对话框中,选择要插入到幻灯片中的视频文件,如图10-10所示。

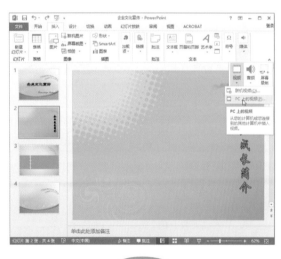

图10-9

图10-10

步骤3: 查看添加的视频效果。单击"插入"按钮,返回演示文稿中,即可看到插入的视频文件,单击"播放/暂停"按钮或按下Alt+P快捷键,播放该视频文件,如图10-11所示。

图10-11

（2）编辑视频文件

在幻灯片中插入视频文件后，还可以对视频文件进行编辑操作，包括调整影片窗口的大小、移动视频和删除视频等。

步骤1： 选中插入的视频。选中插入的视频文件，将光标移至影片窗口的右下角，这时光标会变成双向箭头形状，如图10-12所示。

步骤2： 调整视频大小。按住鼠标左键不放并进行拖动，拖动到合适位置释放鼠标，即可调整影片窗口的大小，如图10-13所示。

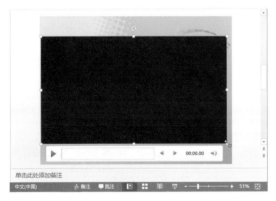

图10-12

图10-13

知识点拨： 精确调整影片窗口大小

选中视频后，切换至"视频工具-格式"选项卡，在"大小"选项组中，通过设置"视频高度"和"视频宽度"值，精确调整影片窗口的大小，如图10-14所示。

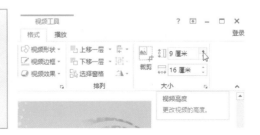

图10-14

步骤3：移动视频。选中视频文件后，按住鼠标左键不放进行拖动，即可将视频移至所需位置，如图10-15所示。

步骤4：删除视频。选中幻灯片中插入的视频文件，按下键盘上的Delete键，即可将其删除，如图10-16所示。

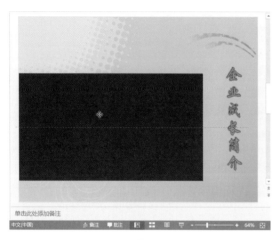

图10-15

图10-16

（3）编辑视频的播放时间

可以通过设置视频的开始与结束时间，来控制视频的播放时间。下面介绍具体操作方法。

步骤1：打开"剪裁视频"对话框。选中插入的视频文件，切换至"视频工具 - 播放"选项卡，单击"编辑"选项组中的"剪裁视频"按钮，如图10-17所示。

步骤2：设置视频的开始与结束时间。打开"剪裁视频"对话框，分别设置"开始时间"和"结束时间"数值，对视频进行剪裁操作，如图10-18所示。

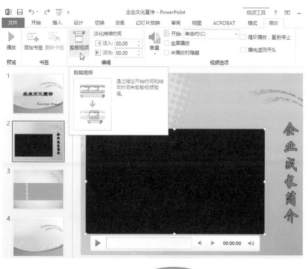

图10-17

图10-18

知识点拨： 通过拖动时间手柄来进行调整

　　在"剪裁视频"对话框中，除了通过设置"开始时间"和"结束时间"数值，对视频进行剪裁外，还可以直接拖动时间控制手柄，对视频进行剪裁操作。

（4）美化影片窗口

　　在幻灯片中插入视频文件后，可以根据幻灯片页面的风格特点，对影片窗口进行美化操作，使插入的视频影片窗口和幻灯片风格更加匹配。下面介绍具体操作方法。

步骤1： 打开视频窗口样式库。选中影片窗口后，切换至"视频工具-格式"选项卡，单击"视频样式"选项组中的"其他"下三角按钮，如图10-19所示。

步骤2： 选择视频窗口样式。在打开的视频窗口样式库中，选择所需的视频样式选项，如图10-20所示。

步骤3： 查看影片窗口外观效果。返回演示文稿中，查看设置后的效果，如图10-21所示。

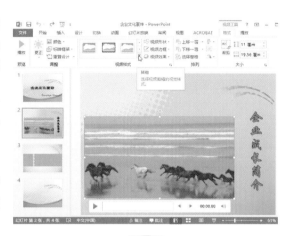

图10-19

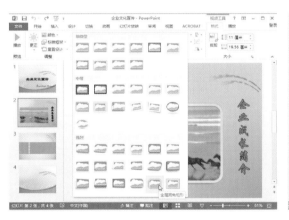

图10-20

图10-21

（5）设置视频播放方式

　　在演示文稿中插入视频并进行编辑美化操作后，还可以选择多种方式对插入的视频进行播放操作，具体介绍如下。

步骤1： 单击功能区中的播放按钮。选中插入的视频文件，切换至"视频工具-播放"选项卡，单击"预览"选项组中的"播放"按钮，播放视频，如图10-22所示。

步骤2： 选择快捷菜单中的播放命令。选中视频文件后，单击鼠标右键，在弹出的快捷菜单中选择"预览"命令，播放视频，如图10-23所示。

图10-22

图10-23

知识点拨： 调节视频音量大小

　　选中视频后，切换至"视频工具-播放"选项卡，在"视频选项"选项组中单击"音量"下三角按钮，选择视频的音量大小，如图10-24所示。

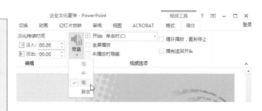

图10-24

步骤3：选择视频的播放方式。选中视频文件后，单击鼠标右键，在弹出的悬浮工具栏中单击"开始"下三角按钮，在下拉列表中选择是自动播放视频还是单击时才播放视频的相关选项，如图10-25所示。

步骤4：更改视频的播放选项。若要更改影片的播放方式，则选中视频后，切换至"视频工具-播放"选项卡，在"视频选项"选项组中，根据需要勾选相应的复选框，来设置视频的播放方式，如图10-26所示。

图10-25

图10-26

10.1.3　为幻灯片添加形状

应用 PowerPoint 2013 的绘图功能，可以很方便地在幻灯片中添加各种形状，下面介绍具体操作方法。

（1）添加形状

下面介绍在第 3 张幻灯片中添加企业文化概述形状文本的操作方法。

步骤1： 插入文本框并输入文字。切换至第 3 张幻灯片，首先插入一个横排文本框，输入"企业"文本后，按下 Enter 键，换行并输入相应的文本，如图 10-27 所示。

步骤2： 使用格式刷复制文本格式。切换至第 2 张幻灯片，选中标题文本并右击，在弹出的悬浮工具栏中单击"格式刷"按钮，如图 10-28 所示。

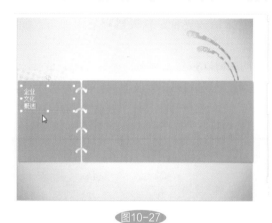

图10-27

图10-28

步骤3： 粘贴文本格式。切换至第 3 张幻灯片，此时光标变为刷子样式，选中要粘贴格式的文本，即可粘贴所选的文本格式，如图 10-29 所示。

步骤4： 选择绘制的形状。切换至"插入"选项卡，单击"形状"下三角按钮，选择"椭圆"选项，如图 10-30 所示。

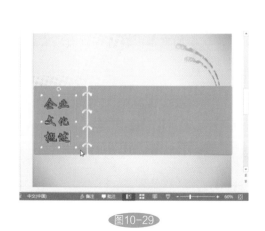

图10-29

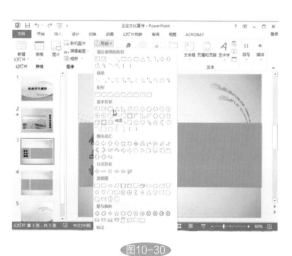

图10-30

步骤5： 绘制形状。在幻灯片中合适的位置按住鼠标左键，绘制形状，如图 10-31 所示。

步骤6： 编辑文字。选中绘制的形状并右击，选择"编辑文字"命令，如图 10-32 所示。

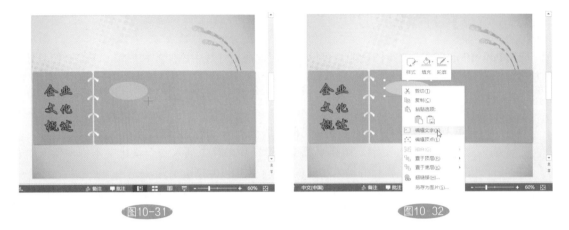

图10-31　　　　　　　　　　　　　　图10-32

步骤7：在形状中输入文字。此时椭圆形上将显示文本输入光标，输入所需文本即可，如图10-33所示。

步骤8：复制形状。选中椭圆形状，按住Ctrl键不放的同时，按住鼠标左键不放并向右拖动，复制椭圆形状至合适位置，如图10-34所示。

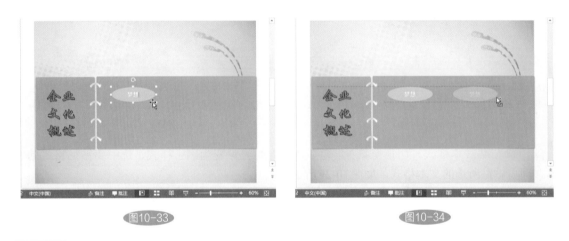

图10-33　　　　　　　　　　　　　　图10-34

步骤9：继续复制形状。按住Ctrl键的同时选中两个椭圆形状，按住鼠标左键不放向下复制，得到4个椭圆形状，如图10-35所示。

步骤10：修改椭圆形状中的文本内容。将另外3个椭圆形状中的文本内容进行修改，效果如图10-36所示。

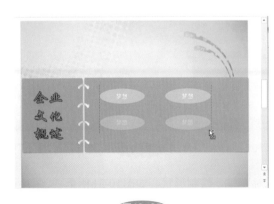

图10-35

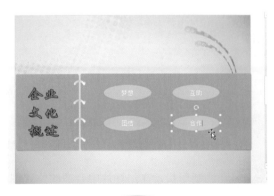

图10-36

（2）编辑形状

在幻灯片中添加形状后，可以根据需要对插入的形状进行编辑美化操作。

步骤1： 调整形状大小。按住Ctrl键的同时，单击4个椭圆形状，将其全选。将光标放在其中一个形状右下角，按住鼠标左键不放进行拖动，调整形状大小，如图10-37所示。

步骤2： 更改形状样式。若对插入的形状不满意，则单击"插入形状"选项组中的"编辑形状"下三角按钮，选择"更改形状"选项，在打开的形状库中选择合适的形状，如图10-38所示。

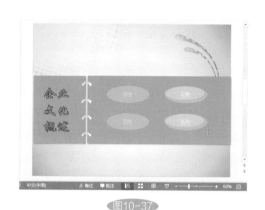

图10-37

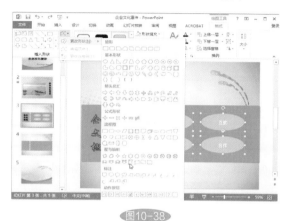

图10-38

知识点拨： **组合形状**

当需要同时对多个形状进行相同的操作时，可以将形状进行组合操作。

选中多个形状后，在"绘图工具-格式"选项卡下的"排列"选项组中，单击"组合"下三角按钮，选择"组合"选项即可，如图10-39所示。

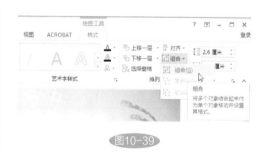

图10-39

步骤3： 美化形状。选中形状后，在"开始"选项卡下的"字体"选项组中，对形状文本的字体、字号以及字体颜色进行设置，如图10-40所示。

步骤4： 查看最终效果。返回页面查看最终效果，如图10-41所示。

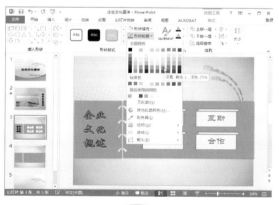

图10-40

图10-41

10.1.4 为幻灯片添加背景图片

在幻灯片的制作过程中，可以将自己喜爱的图片设置为幻灯片的背景。下面介绍具体操作方法。

步骤1： 添加与删除幻灯片。制作好第3张幻灯片后，在大纲窗格中选中一个空白幻灯片并右击，在弹出的快捷菜单中根据需要选择相应的命令，新建幻灯片、复制幻灯片或删除幻灯片，如图10-42所示。

步骤2： 打开"设置背景格式"窗格。选中第4张幻灯片，切换至"设计"选项卡，单击"自定义"选项组中的"设置背景格式"按钮，将打开"设置背景格式"窗格，如图10-43所示。

图10-42

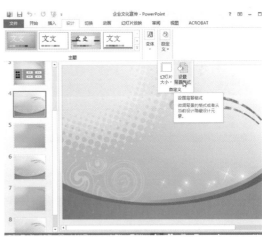

图10-43

步骤3： 打开"插入图片"对话框。在打开的窗格中，单击"图形或纹理填充"单选按钮，然后单击"文件"按钮，如图10-44所示。

步骤4： 选择背景图片。在打开的"插入图片"对话框中，选择所需的背景图片，单击"插入"按钮，如图10-45所示。

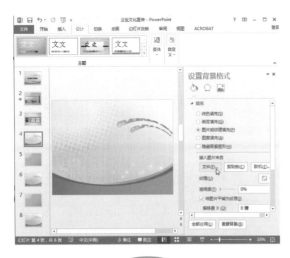

图10-44

图10-45

步骤5： 查看效果。返回演示文稿中，查看添加的背景效果，如图10-46所示。

步骤6： 绘制文本框。在演示文稿页面的适当位置绘制所需文本框，然后输入相应的文字，第4张幻灯片制作完毕，效果如图10-47所示。

图10-46

图10-47

步骤7： 制作第5张幻灯片。同样的方法，在第5张幻灯片中插入背景图片，然后应用文本框输入所需的文本内容，效果如图10-48所示。

图10-48

10.1.5 在幻灯片中添加图片

步骤1： 打开"插入图片"对话框。在第6张幻灯片中插入背景图片后，并插入所需的文本框。切换至"插入"选项卡，单击"图像"选项组中的"图片"按钮，将打开"插入图片"对话框，如图10-49所示。

步骤2： 选择图片。在打开的对话框中，选择需要插入的图片，单击"插入"按钮，如图10-50所示。

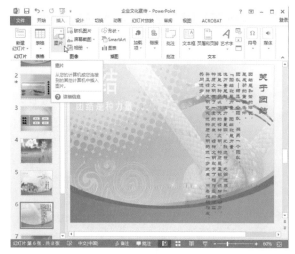

图10-49

图10-50

步骤3：移动图片。返回演示文稿中，查看插入的图片。选中插入的图片，按住鼠标左键不放，将图片移至演示文稿页面的合适位置，如图10-51所示。

步骤4：调整图片大小。选中图片，将光标移至图片的控制柄上，按住鼠标左键不放，进行移动，调整图片大小，如图10-52所示。

图10-51

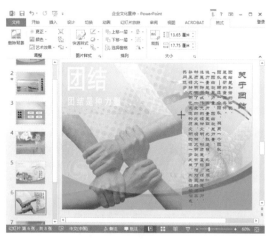

图10-52

步骤5：设置图片效果。选中图片，切换至"图片工具-格式"选项卡，单击"图片样式"选项组的快速样式下拉按钮，选择合适的图片样式选项，如图10-53所示。

步骤6：查看效果。返回文稿中，查看第6张幻灯片的设计效果，如图10-54所示。

步骤7：制作第7张幻灯片。然后在第7张幻灯片中插入所需的文本框，然后输入所需的文本内容，效果如图10-55所示。

步骤8：制作结尾幻灯片。在尾页幻灯片中插入文本框并输入所需文本，在"开始"选项卡下的"字体"选项组中，设置文本的字体、字号以及文本颜色。然后切换至"绘图工具-格式"选项卡，在"艺术字"样式选项组中设置文本的艺术字效果，如图10-56所示。

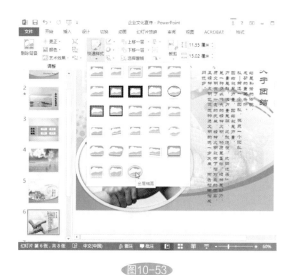

图10-53

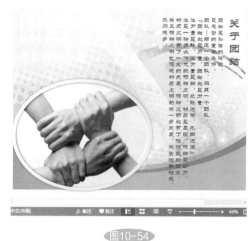

图10-54

图10-55

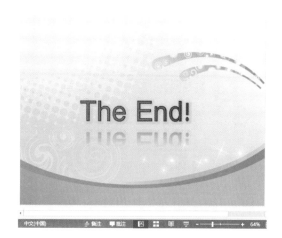

图10-56

10.1.6 为幻灯片添加链接

在演示幻灯片时，可以自行设定链接，可以由一个幻灯片中的内容直接链接到另一张幻灯片，或者通过添加超链接，链接到网页中。

方法1： **链接到本文档中的幻灯片**

步骤1： 选中需要插入链接的对象。首先我们将把"梦想"文本框链接到对应的第4张幻灯片上，因此，先选中第3张幻灯片中的"梦想"文本框，如图10-57所示。

步骤2： 打开"插入超链接"对话框。在"插入"选项卡下"链接"选项组中，单击"超链接"按钮，将打开"插入超链接"对话框，如图10-58所示。

步骤3： 选择要链接到的幻灯片。在"插入超链接"对话框中的"请选择文档中的位置"列表框中，选择需要链接到的幻灯片，这里选择幻灯片4，单击"屏幕提示"按钮，如图10-59所示。

步骤4： 设置超链接屏幕提示。在打开的"设置超链接屏幕提示"对话框中输入需要的屏幕提示文本，单击"确定"按钮，如图10-60所示。

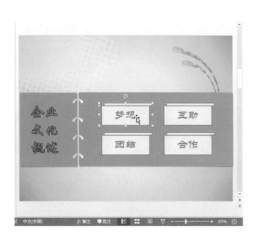

图10-57

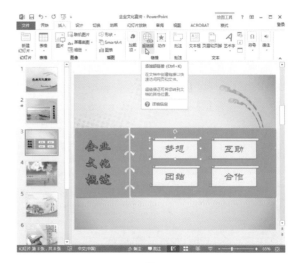

图10-58

图10-59

图10-60

步骤5：查看超链接效果。再次单击"确定"按钮，返回演示文稿中并放映幻灯片，将光标放置在已插入链接的"梦想"文本框上，可见光标变为手形状，表示此处有链接，单击即可自动跳转到幻灯片4中，如图10-61所示。同样的方法设置其他3个文本框的超链接效果。

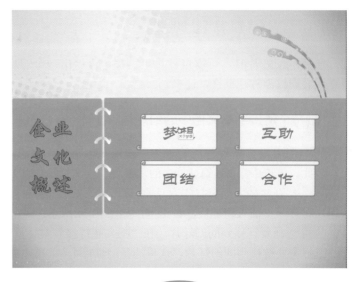

图10-61

方法2： **链接到网页**

步骤1： 选中需要插入链接的对象。选中尾页幻灯片中需要插入超链接的文本框，单击"插入"选项卡下的"超链接"按钮，如图10-62所示。

步骤2： 设置链接地址。在打开的"插入超链接"对话框中的"链接到"列表框中选择"现有文件或网页"选项，在"地址"文本框中输入要链接到网页的地址，如图10-63所示。

步骤3： 查看超链接效果。单击"确定"按钮，返回演示文稿中并放映幻灯片，将光标放置在添加网页超链接的文本框上，可以看到光标变为手形状，表示此处有链接，单击即可自动跳转到相应的网页中，如图10-64所示。

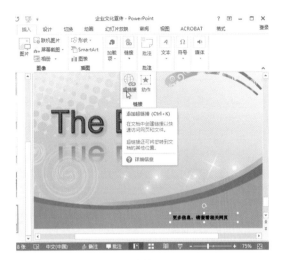

图10-62

图10-63

图10-64

10.1.7　为幻灯片添加声音

在演示幻灯片时，可以为其添加声音，以帮助演示者"声情并茂"地展示幻灯片内容，本小节将详细介绍在幻灯片中添加背景音乐和普通音频文件的方法。

（1）为幻灯片添加背景音乐

通常情况下，整个演示文稿的演示时间很长，但背景音乐一般只有几分钟，此时需要经过相应的设置，使整个幻灯片展示期间都播放背景音乐。下面介绍具体操作方法。

步骤1： 选择插入音频类型。切换到第1张幻灯片，单击"插入"选项卡下，"媒体"选项组中"音频"下三角按钮，选择"PC上的音频"选项，如图10-65所示。

图10-65

步骤2 : 选择音频文件。在打开的"插入音频"对话框中，选择需要插入的音频文件，单击"插入"按钮，如图10-66所示。

步骤3 : 查看插入音频的效果。返回文稿中，可见在第1张幻灯片中插入了音频文件，如图10-67所示。

图10-66

图10-67

步骤4 : 移动音频文件图标。这时可以看到音频图标所在位置并不美观，选中音频图标并按住鼠标左键不放，拖动到适当位置，释放鼠标即可，如图10-68所示。

步骤5 : 设置音频图标格式。选中音频图标，切换至"音频工具-格式"选项卡，对音频图标进行相应的美化操作，效果如图10-69所示。

图10-68

图10-69

步骤6 : 设置音频播放选项。切换至"音频工具-播放"选项卡下，勾选"音频选项"选项组中的"循环播放，直到停止"复选框，如图10-70所示。

步骤7 : 将音乐设为背景音乐。然后在"音频样式"选项组中单击"在后台播放"按钮，将插入的音频文件设置为背景音乐，如图10-71所示。

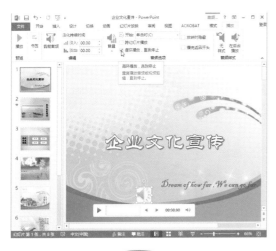

图10-70

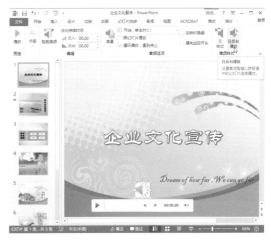

图10-71

（2）添加普通音频文件

所谓普通音频文件，是指添加音频文件后，可以设定何时播放，何时停止，而不是像背景音乐那样，打开PPT即自动播放，直到PPT放映结束。

步骤1： 插入音频文件。参照背景音乐的插入方法，将音频文件插入幻灯片中，此时功能区中将出现"音频工具-播放"选项卡，我们可以对音频进行编辑操作，如图10-72所示。

步骤2： 设置音频何时开始播放。在"音频选项"选项组中单击"开始"下拉按钮，在下拉列表中选择"单击时"选项，设置音频何时开始播放，如图10-73所示。

图10-72

步骤3： 设置是否跨幻灯片播放。在"音频选项"组中勾选"跨幻灯片播放"复选框，设置是否跨幻灯片播放，如图10-74所示。

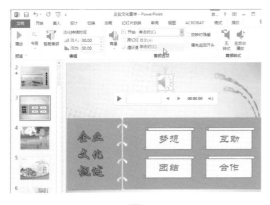

图10-73

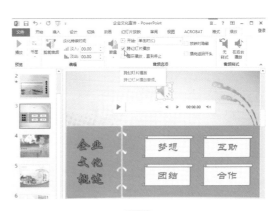

图10-74

10.2　制作淘宝微海报演示文稿

　　直接面对大众的淘宝微海报讲究直接易懂，画面要简洁大方，主题鲜明。用户还可以在演示文稿中添加动画元素，使海报具有更强的视觉冲击力。本节通过为淘宝微海报添加动画元素，来详细介绍PowerPoint 2013动画效果的相关知识。

10.2.1　动画效果的类型

　　PowerPoint 2013的动画效果包括进入、强调、退出以及路径等多种形式，下面分别进行介绍。

（1）进入动画

　　进入动画是最基本的动画效果，用户可以根据需要，将文本、图形或图片等元素以出现、淡出、浮入等方式显示在幻灯片中，实现对象从无到有、陆续展现的动画效果。切换至"动画"选项卡，在"动画"列表中的选择进入动画效果选项即可，如图10-75所示。

（2）强调动画

图10-75

　　强调动画是指在放映过程中，通过放大、缩小、闪烁等方式引起观众注意的一种动画。添加该动画后，放映动画时，对象在幻灯片中以脉冲、螺旋、跷跷板等方式，来强调显示效果，主要是为了在幻灯片中突出该对象。切换至"动画"选项卡，在"动画"列表中选择"强调"选项即可，如图10-76所示。

（3）退出动画

　　退出动画是让对象从有到无、逐渐消失的一种动画效果。为对象应用该动画效果后，可将对象以飞出、消失、淡出等方式从幻灯片中消失。切换至"动画"选项卡，在"动画"列表中的"退出"选项区域中选择所需的退出动画效果选项即可，如图10-77所示。

图10-76

图10-77

（4）路径动画

路径动画是让对象按照预设的路径运动的一种高级动画效果。添加该动画后，幻灯片中的对象则会以默认的路径方式进行运动。切换至"动画"选项卡，在"动画"列表中的"动作路径"选项区域中选择所需选项即可，如图10-78所示。

（5）页面切换动画

页面切换动画是在幻灯片之间进行切换的一种动画效果，添加该动画效果后，不仅可以轻松实现页面之间的自然切换，还可以使幻灯片变得更具动感。切换至"切换"选项卡，在切换样式列表中选择所需的页面切换效果，如图10-79所示。

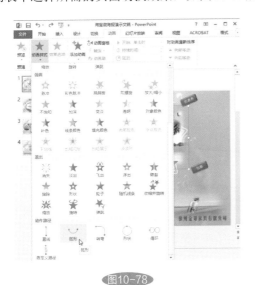

图10-78

图10-79

10.2.2 首页幻灯片动画效果设计

微海报首页幻灯片是给观众第一印象好坏的关键，为了使海报更具感染力，应为幻灯片中的对象应用视觉冲击强烈的动画效果，具体操作步骤如下。

步骤1：选中六角形形状。打开"淘宝微海报演示文稿"后，选中首页幻灯片中的六角形形状，下面将为其添加动画效果，如图10-80所示。

步骤2：为六角形添加动画效果。切换至"动画"选项卡，在"动画"选项组中单击"其他"下三角按钮，选择"进入"选项区域中的"飞入"选项，如图10-81所示。

步骤3：设置动画效果方向。此时六角形左上角会显示相关的动画序号，这里显示为1。然后单击"效果选项"下三角按钮，选择"自底部"选项，如图10-82所示。

图10-80

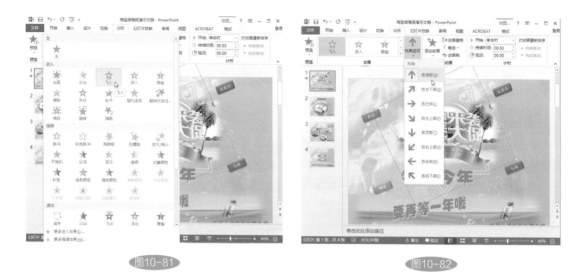

图10-81　　　　　　　　　　　　　　图10-82

步骤4：预览动画效果。单击"预览"选项组中的"预览"按钮，查看设置六角形的动画效果，如图10-83所示。

步骤5：设置图片动画效果。选中幻灯片中心的图片，选择动画列表中"强调"选项区域中的"跳跳板"动画效果选项，如图10-84所示。

图10-83　　　　　　　　　　　　　　图10-84

步骤6：设置动画持续时间。选择完成后，可以看到图片左上角显示了添加的动画序号，这里显示为2。单击"计时"选项组中"持续时间"右侧的微调按钮，设置动画的长度，如图10-85所示。

步骤7：为"错过今年"文本框添加动画效果。选中"错过今年"文本框，在"动画"选项组中单击"其他"下三角按钮，选择"进入"选项区域中的"缩放"选项，如图10-86所示。

步骤8：为"要再等一年哦"文本框添加动画效果。这时可以看到，"错过今年"文本框左上角显示了添加的动画序号3。选中"要再等一年哦"文本框，设置该文本框的动画效果为"弹跳"，如图10-87所示。

步骤9：选中4个圆角矩形。然后按住Ctrl键不放，分别单击选择4个圆角矩形，将其同时选中。在"动画"选项组中单击"其他"下三角按钮，如图10-88所示。

图10-85

图10-86

图10-87

图10-88

知识点拨： 进入、退出、强调动画

　　进入动画是指对象进入幻灯片时的动画效果，退出动画是指对象从幻灯片中消失时的效果，强调动画是指对象进入幻灯片后为了吸引观众注意力而设置的动画。

步骤10：设置4个圆角矩形动画效果。在打开的动画下拉列表库中，选择"进入"选项区域中的"弹跳"选项，如图10-89所示。

步骤11：设置动画延迟时间。可以看到4个圆角矩形左上角显示了添加的动画序号。单击"计时"选项组中"延迟"右侧的微调按钮，设置动画的延迟时间，如图10-90所示。

图10-89

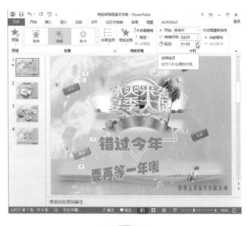

图10-90

步骤12：强化图片的动画效果。再次选中幻灯片中心的图片，单击"高级动画"选项组中的"添加动画"下三角按钮，选择"旋转"选项，如图10-91所示。

步骤13：预览所有动画效果。单击"预览"按钮，系统将自动按照动画序号，依次播放所有动画效果，如图10-92所示。

图10-91

图10-92

知识点拨： 调整动画播放顺序

　　在动画窗格中选中某一动画或直接单击演示文稿中某一动画对象序号，在"计时"选项组中，单击"向前移动"或"向后移动"按钮，调整动画的播放顺序，如图10-93所示。

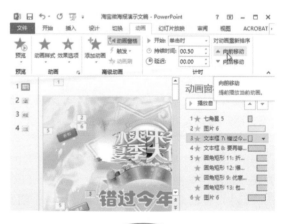

图10-93

10.2.3 正文幻灯片动画效果设计

首页幻灯片动画效果设计完成后，将继续为正文幻灯片添加动画效果，具体操作步骤如下。

步骤1：选中"精品推荐"文本框。选中第2张幻灯片中的"精品推荐"文本框，切换至"动画"选项卡，"动画"选项组中单击"其他"下三角按钮，选择"更多进入效果"选项，如图10-94所示。

步骤2：设置"精品推荐"文本框动画效果。在打开的对话框中，选择所需动画效果后，单击"确定"按钮，即可将该动画效果应用到所需文本框，如图10-95所示。

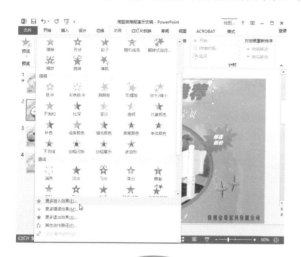

图10-94

图10-95

步骤3：设置"超低价买好宝贝"文本框动画效果。选中"超低价买好宝贝"文本框，在"动画"选项组中单击"其他"下三角按钮，在下拉列表中的"动作路径"选项区域中选择所需的路径效果，如图10-96所示。

步骤4：设置图片动画效果。选中幻灯片中心的图片，单击"动画"选项组中的"其他"下三角按钮，选择"更多进入效果"选项，在打开的对话框中选择图片的动画效果，如图10-97所示。

图10-96

图10-97

步骤5：设置爆炸形状动画效果。选中"惊喜低价"爆炸形状，在动画列表的"强调"选项区域选择"陀螺旋"动画效果，如图10-98所示。

步骤6：设置圆角矩形动画效果。选中幻灯片底部的圆角矩形，在动画列表的"强调"选项区域选择"彩色脉冲"动画效果，如图10-99所示。

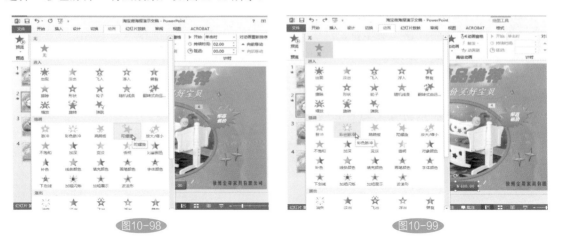

图10-98   图10-99

步骤7：打开"彩色脉冲"对话框。选中设置彩色脉冲动画效果的圆角矩形，单击"动画"选项组的对话框启动器按钮，在打开的对话框中，对该动画效果进行更多的设置，如图10-100所示。

步骤8：设置彩色脉冲颜色。在打开的"彩色脉冲"对话框中，切换至"效果"选项卡，单击"颜色"下三角按钮，设置彩色脉冲的颜色，如图10-101所示。

图10-100

图10-101

步骤9：设置彩色脉冲的计时选项。切换至"计时"选项卡，单击"重复"下三角按钮，选择动画效果的重复次数后，单击"确定"按钮，关闭对话框并返回演示文稿中，查看设置的效果，如图10-102所示。

步骤10：打开"其他动作路径"对话框。按住Ctrl键不放，分别单击选择4个十字星形状，将其同时选中。单击"动画"选项组中的"其他"下三角按钮，选择"其他动作路径"选项，如图10-103所示。

步骤11：选择十字星形状的动画效果。在打开的对话框中，选择所需的动作路径动画效果，单击"确定"按钮，如图

图10-102

10-104所示。

图10-103

图10-104

步骤12：对动画进行排序。单击"高级动画"选项组中的"动画窗格"按钮，在打开的动画窗格中，选择需要重新排序的动画效果，单击向上或向下按钮，如图10-105所示。

步骤13：设置第3张幻灯片动画效果。同样的方式，设置第3张幻灯片的动画效果，单击动画窗格中的"全部播放"按钮，查看设置的动画效果，如图10-106所示。

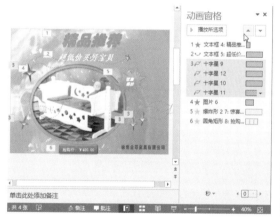
图10-105

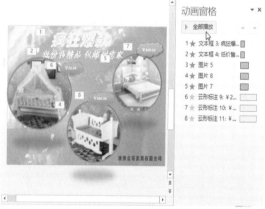
图10-106

10.2.4 尾页幻灯片动画效果设计

前面介绍了多种动画效果，在尾页幻灯片中，用户可以使用格式刷功能，直接将之前的动画效果复制到尾页幻灯片的对象上。

步骤1：设置"进店有好礼"文本框动画效果。选中文本框后，切换至"动画"选项卡，在"动画"选项组中单击"其他"下三角按钮，选择"进入"选项区域中的"随机线条"选项即可，如图10-107所示。

步骤2：复制动画效果。切换至第2张幻灯片，选中幻灯片底部的圆角矩形形状，单击"高级动画"选项组中的"动画刷"按钮，如图10-108所示。

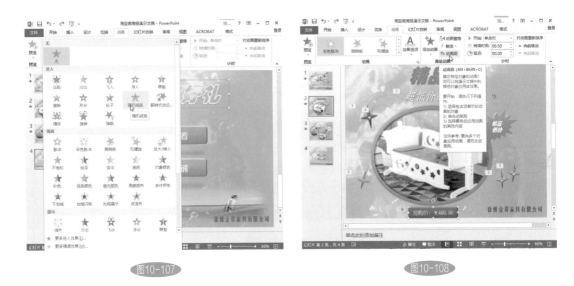

图10-107　　　　　　　　　　　　　　　　　　　图10-108

步骤3：粘贴动画效果。切换至尾页幻灯片，单击需要粘贴动画效果的对象，即可将圆角矩形的动画效果应用于新对象，如图10-109所示。

步骤4：查看动画效果。同样的方法，将尾页幻灯片中的两个圆角矩形应用相同的动画效果后，打开动画窗格，单击"全部播放"按钮，预览动画效果，如图10-110所示。

图10-109　　　　　　　　　　　　　　　　　　　图10-110

10.2.5　设置幻灯片的切换效果

演示文稿动画设置完成后，用户可对该文稿的幻灯片添加切换效果。好让整个演示文稿内容看起来更为丰富，具体操作步骤如下。

步骤1：打开幻灯片切换效果列表库。选择首张幻灯片，单击"切换"选项卡，在"切换到此幻灯片"选项组中单击"其他"下三角按钮，如图10-111所示。

步骤2：选择幻灯片的切换效果。在打开的幻灯片切换效果列表库中，选择"闪光"选项，即可对该幻灯片应用切换效果，如图10-112所示。

图10-111

图10-112

步骤3：预览幻灯片的切换效果。同样的方法，设置其他幻灯片的切换效果后，单击"预览"选项组中的"预览"按钮，查看设置的幻灯片切换效果，如图10-113所示。

步骤4：编辑幻灯片切换效果。切换效果添加完毕后，可以在"切换"选项卡下的"计时"选项组中，根据需要对其效果参数进行设置，如图10-114所示。

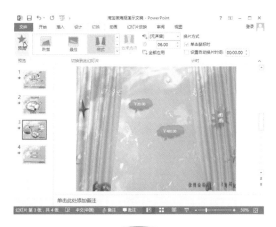

图10-113

图10-114

第 11 章

幻灯片的放映与输出

本章概述

制作完成PowerPoint之后，为了便于保存或者传阅，可以采用多种方式输出演示文稿，包括输出为PDF、打印演示文稿等。另外，在演示PPT时，还可以灵活处理，根据需要采用多种演示方法。

本章介绍幻灯片的放映和输出，这对幻灯片最终取得效果至关重要。

知识点一览

从头放映幻灯片
从当前页放映幻灯片
自定义放映幻灯片
输出幻灯片为PDF
输出幻灯片为视频
打印幻灯片

11.1 放映新产品宣传方案

放映幻灯片要根据放映现场需要灵活设置，具体来说，放映幻灯片主要包括从头放映、从当前放映和自定义放映3种形式，下面依次介绍。

11.1.1 从头放映幻灯片

从头放映幻灯片是指从第1张幻灯片开始，依次放映到末尾。下面介绍几种操作方法。

方法1： 快速工具栏放映

步骤1： 将"从头开始"添加到快速访问工具栏。打开需要放映的演示文稿后，单击快速访问工具栏右侧的"自定义快速访问工具栏"按钮，打开下拉列表，如图11-1所示。

步骤2： 勾选"从头开始"选项。在下拉列表中选择"从头开始"选项，使其处于勾选状态，如图11-2所示。

图11-1

图11-2

知识点拨： 添加常用命令到快速访问工具栏

采用这种方法可以将其他常用命令添加到快速访问工具栏中，以便于迅速调用。

步骤3： 单击"从头开始"按钮。在快捷工具栏中显示"从头开始"按钮，单击该按钮即可从头开始放映，如图11-3所示。

图11-3

方法2： "幻灯片放映"选项卡放映

步骤1： 切换到"幻灯片放映"选项卡。打开需要放映的演示文稿后，切换至"幻灯片放映"选项卡，如图11-4所示。

图11-4

步骤2： 单击"从头开始"按钮。单击"开始放映幻灯片"选项组中"从头开始"按钮即可放映，如图11-5所示。

图11-5

知识点拨： 幻灯片浏览

在制作完幻灯片时，往往需要浏览一遍，以查看效果，单击右下角"幻灯片浏览"按钮即可，浏览效果如图11-6所示。

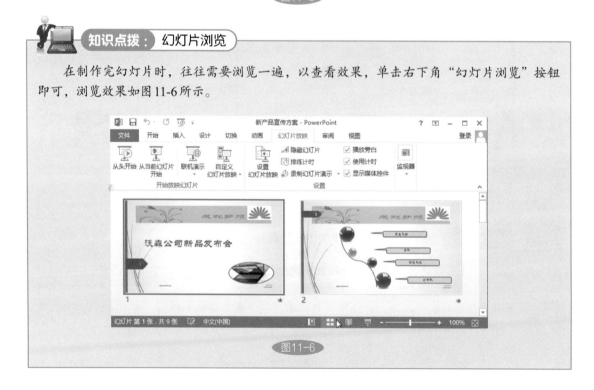

图11-6

11.1.2 从当前幻灯片开始放映

从当前幻灯片开始放映是指从当前所选中的幻灯片开始，依次放映到末尾，具体放映方法如下。

方法1: **状态栏放映**

步骤1: 选中要从此处开始放映的幻灯片。打开需要放映的幻灯片后，切换到需要从此处开始放映的幻灯片，如图11-7所示。

步骤2: 单击"放映幻灯片"按钮。单击右下角"放映幻灯片"按钮，即从当前页开始放映，如图11-8所示。

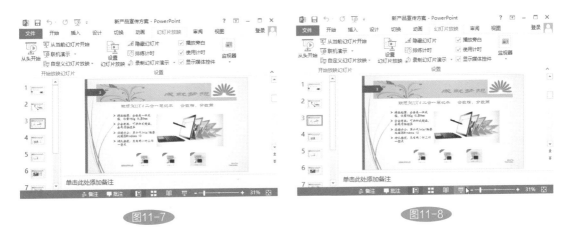

图11-7　　　　　　　　　　　　　图11-8

方法2: **"幻灯片放映"选项卡放映**

步骤1: 切换到"幻灯片放映"选项卡。打开需要放映的演示文稿后，切换至"幻灯片放映"选项卡，如图11-9所示。

图11-9

步骤2: 单击"从当前幻灯片开始"按钮。切换后，单击"开始放映幻灯片"组中"从当前幻灯片开始"即可放映，如图11-10所示。

图11-10

11.1.3 自定义放映幻灯片

通过自定义放映功能，可以设定依次放映哪些张幻灯片，具体放映方法如下。

步骤1： 切换到"幻灯片放映"选项卡。打开需要放映的演示文稿后，切换至"幻灯片放映"选项卡，如图11-11所示。

图11-11

步骤2： 选择"自定义放映"选项。切换后，单击"开始放映幻灯片"组中"自定义幻灯片放映"按钮，在下拉列表中选择"自定义放映"选项，如图11-12所示。

图11-12

步骤3： 单击"新建"按钮。在弹出的对话框中单击"新建"按钮，如图11-13所示。

步骤4： 输入自定义放映名称。此时弹出"定义自定义放映"对话框，在"幻灯片放映名称"文本档中输入自定义放映名称，如图11-14所示。

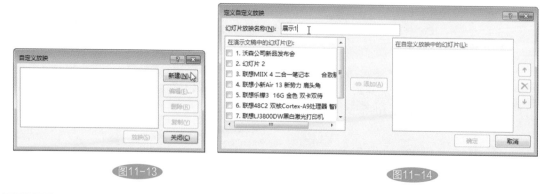

图11-13　　　　　　　　　　　　　　　　图11-14

步骤5： 选择要放映的幻灯片。在左侧列表框中勾选需要放映的幻灯片，单击中间的"添加"按钮，如图11-15所示。

步骤6： 检查幻灯片。此时选中的幻灯片已添加到右侧列表框中，检查选择是否有误，无误则单击"确定"按钮，如图11-16所示。

图11-15

图11-16

步骤7： 直接放映。此时返回"自定义放映"对话框，列表框中出现新建的"展示1"自定义放映，单击"放映"按钮即可直接放映，如图11-17所示。

步骤8： 在"幻灯片放映"选项卡下放映。也可以单击"自定义放映"对话框中"关闭"按钮，然后在"幻灯片放映"选项卡下选择"自定义幻灯片放映"下拉列表中"展示1"选项进行放映，如图11-18所示。

图11-17

图11-18

注意事项： 删除自定义放映幻灯片

　　创建自定义幻灯片后，如果不需要了，可以在"自定义放映"对话框中选中需要删除的自定义放映，然后单击"删除"按钮即可，如图11-19所示。

图11-19

11.2　输出演示文稿

　　输出幻灯片是指将演示文稿输出为不同格式的文件，以适用不同用途，比如输出为PDF以相互传阅，输出为视频文件以直接播放，打印演示文稿等。

11.2.1　输出为PDF文件

　　将演示文稿输出为PDF文件既方便传阅，又能防止别人修改文件内容，具体输出方法如下。

步骤1： 打开"文件"菜单。打开要输出为PDF的演示文稿后，单击窗口左上角"文件"标签，如图11-20所示。

图11-20

步骤2：单击"创建PDF/XPS"按钮。在打开的"文件"菜单中，切换到"导出"面板，单击"创建PDF/XPS"按钮，如图11-21所示。

步骤3：选择保存位置。在弹出的"发布为PDF或XPS"对话框中，选择PDF文件保存的位置，如图11-22所示。

图11-21

图11-22

步骤4：选择输出范围。单击"选项"按钮，打开"选项"对话框，在此可设置输出的范围，包括输出全部、输出当前幻灯片等，设置完成后单击"确定"按钮，如图11-23所示。

步骤5：发布文稿。返回"发布为PDF或XPS"对话框，单击"发布"按钮，系统弹出发布的进度，如图11-24所示。

步骤6：查看输出效果。稍等片刻，在保存文稿的位置，打开输出的PDF文件，如图11-25所示。

图11-23

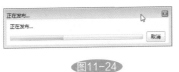

图11-24　　　　　　　　　　　图11-25

11.2.2　输出为视频文件

用户可以将演示文稿导出为视频文件，以视频的形式浏览幻灯片的内容。下面介绍输出为视频的方法。

步骤1：打开"文件"菜单。打开要输出为视频的演示文稿后，单击窗口左上角"文件"标签，如图11-26所示。

图11-26

步骤2：切换至"导出"面板。在打开的"文件"菜单中，切换到"导出"面板，如图11-27所示。

步骤3：单击"创建视频"按钮。单击"创建视频"选项，在此面板中单击"创建视频"按钮，如图11-28所示。

图11-27　　　　　　　　　　　　　图11-28

步骤4：选择保存位置。在弹出的"另存为"对话框中，输入名称，选择视频文件保存的位置，如图11-29所示。

步骤5：查看输出效果。单击"保存"按钮，等待文件输出完毕，到保存的位置，即可看到输出的视频文件。

图11-29

11.2.3　打印演示文稿

在很多会议上，会将演示文稿打印成纸质文件分发给与会人员，打印演示文稿时，可以设置一页中打印几张幻灯片，也可以设置打印范围等。

步骤1：打开"文件"菜单。打开要打印的演示文稿后，单击窗口左上角"文件"标签，如图11-30所示。

图11-30

步骤2：切换至"打印"面板。在打开的"文件"菜单中，切换到"打印"面板，如图11-31所示。

步骤3：设置打印范围。在"打印"面板中，单击"打印全部幻灯片"下拉按钮，在下拉列表中可以设置打印范围，如图11-32所示。

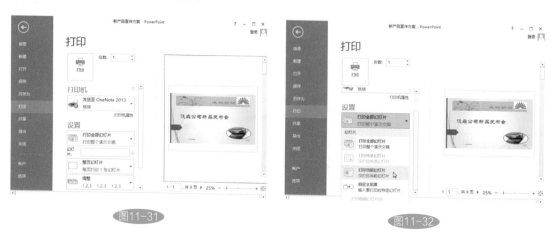

图11-31　　　　　　　　　　　　　　　图11-32

步骤4：设置打印方式。在"设置"选项组中，单击第二个下拉按钮，在下拉列表中可以设置打印方式，包括打印版式和每页纸打印几张幻灯片等，如图11-33所示。

步骤5：设置颜色。在"设置"面板中，单击最下方的下拉按钮，在下拉列表中可以设置打印颜色，可以打印出彩色，也可以打印为黑白色，如图11-34所示。

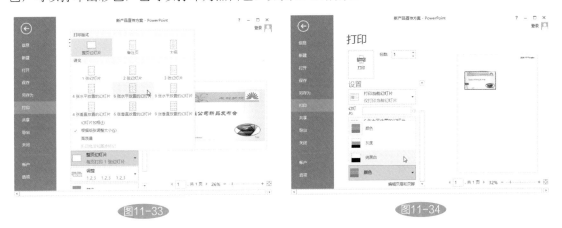

图11-33　　　　　　　　　　　　图11-34

步骤6：设置打印份数。在"打印"页面中的"份数"数值框中输入需要打印的份数，如图11-35所示。

步骤7：设置横向。在"打印"页面中，单击"纵向"下拉按钮，在列表中选择"横向"选项，如图11-36所示。

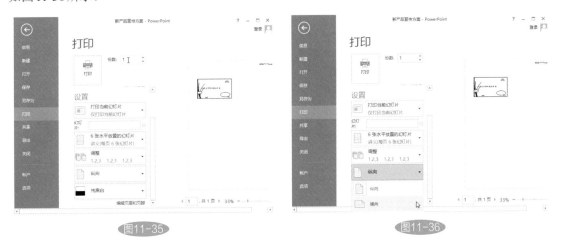

图11-35　　　　　　　　　　　　图11-36

步骤8：打印演示文稿。设置完毕后单击"打印"按钮，即开始打印，如图11-37所示。

图11-37